uni—texte

Lehrbücher

G. M. Barrow, Physikalische Chemie I, II, III
W. L. Bontsch-Brujewitsch / I. P. Swaigin / I. W. Karpenko / A. G. Mironow,
Aufgabensammlung zur Halbleiterphysik
L. Collatz / J. Albrecht, Aufgaben aus der Angewandten Mathematik I, II
W. Czech, Übungsaufgaben aus der Experimentalphysik
H. Dallmann / K.-H. Elster, Einführung in die höhere Mathematik
M. Denis-Papin / G. Cullmann, Übungsaufgaben zur Informationstheorie
M. J. S. Dewar, Einführung in die moderne Chemie
N. W. Efimow, Höhere Geometrie I, II
A. P. French, Spezielle Relativitätstheorie
J. A. Baden Fuller, Mikrowellen
D. Geist, Halbleiterphysik I, II
W. L. Ginsburg / L. M. Levin / S. P. Strelkow, Aufgabensammlung der Physik I
P. Guillery, Werkstoffkunde für Elektroingenieure
E. Hàla / T. Boublik, Einführung in die statistische Thermodynamik
J. G. Holbrook, Laplace-Transformationen
I. E. Irodov, Aufgaben zur Atom- und Kernphysik
D. Kind, Einführung in die Hochspannungs-Versuchstechnik
S. G. Krein / V. N. Uschakowa, Vorstufe zur höheren Mathematik
H. Lau / W. Hardt, Energieverteilung
R. Ludwig, Methoden der Fehler- und Ausgleichsrechnung
E. Meyer / R. Pottel, Physikalische Grundlagen der Hochfrequenztechnik
E. Poulsen Nautrup, Grundpraktikum der organischen Chemie
L. Prandtl / K. Oswatitsch / K. Wieghardt, Führer durch die Strömungslehre
J. Ruge, Technologie der Werkstoffe
W. Rieder, Plasma und Lichtbogen
D. Schuller, Thermodynamik
F. G. Taegen, Einführung in die Theorie der elektrischen Maschinen I, II
W. Tutschke, Grundlagen der Funktionentheorie
W. Tutschke, Grundlagen der reellen Analysis I, II
H.-G. Unger, Elektromagnetische Wellen I, II
H.-G. Unger, Quantenelektronik
H.-G. Unger, Theorie der Leitungen
H.-G. Unger / W. Schultz, Elektronische Bauelemente und Netzwerke I, II, III
B. Vauquois, Wahrscheinlichkeitsrechnung
W. Wuest, Strömungsmeßtechnik

Skripten

J. Behne / W. Muschik / M. Päsler,
Ringvorlesung zur Theoretischen Physik, Theorie der Elektrizität
H. Feldmann, Einführung in ALGOL 60
O. Hittmair / G. Adam, Ringvorlesung zur Theoretischen Physik, Wärmetheorie
H. Jordan / M. Weis, Asynchronmaschinen
H. Jordan / M. Weis, Synchronmaschinen I, II
H. Kamp / H. Pudlatz, Einführung in die Programmiersprache PL/I
G. Lamprecht, Einführung in die Programmiersprache FORTRAN IV
E. Macherauch, Praktikum in Werkstoffkunde
P. Paetzold, Einführung in die allgemeine Chemie
E.-V. Schlünder, Einführung in die Wärme- und Stoffübertragung
W. Schultz, Einführung in die Quantenmechanik
W. Schultz, Dielektrische und magnetische Eigenschaften der Werkstoffe

Ernst Henze / Horst H. Homuth

Einführung in die Codierungstheorie

Studienbuch für
Mathematiker, Informatiker,
Naturwissenschaftler und Ingenieure
ab 3. Semester

Springer Fachmedien Wiesbaden GmbH

uni—text

Dr. rer. nat. *Ernst Henze*
o. Professor an der Technischen Universität Braunschweig

Dr. rer. nat. *Horst H. Homuth*
Professor an der Hochschule der Bundeswehr Hamburg

Verlagsredaktion: *Alfred Schubert, Willy Ebert*

1974

Satz: Friedr. Vieweg + Sohn, Braunschweig
Druck: E. Hunold, Braunschweig
Buchbinder: W. Langelüddecke, Braunschweig
Umschlaggestaltung: Peter Kohlhase, Lübeck

ISBN 978-3-528-03024-7   ISBN 978-3-322-85519-0 (eBook)
DOI 10.1007/978-3-322-85519-0

Vorwort

Das vorliegende Buch ist aus Vorlesungen entstanden, die einer der Verfasser an der Technischen Universität Braunschweig gehalten hat; es ist nicht zuletzt auch als Ergänzung zu der „Einführung in die Informationstheorie" gedacht, die in der gleichen Reihe erschienen ist. Das Buch wendet sich wie die „Informationstheorie" an Mathematiker, Informatiker und Naturwissenschaftler, vor allem aber auch an Ingenieure.

Bevor im dritten Abschnitt des ersten Kapitels knapp einige Problemstellungen der Codierungstheorie geschildert und ein Überblick über den behandelten Stoff gegeben werden kann, müssen in den einleitenden Abschnitten einige grundlegende Dinge behandelt werden. Zum Verständnis des Stoffes werden die einfachsten Begriffe der Wahrscheinlichkeitstheorie und der Algebra als bekannt vorausgesetzt; im vierten Kapitel werden aber einige elementare algebraische Dinge mit Rücksicht auf Leser ohne entsprechende Vorkenntnisse in Bemerkungen erwähnt und z.T. auch bewiesen. Gegenüber der „Informationstheorie" sind die Bezeichnungen z.T. geändert worden — wir glauben, daß das zweckmäßig ist. In das Namen- und Sachwortverzeichnis sind nur diejenigen Namen aufgenommen worden, die nicht im Literaturverzeichnis genannt werden.

Für Mithilfe beim Lesen der Korrekturen und für einige Hinweise sind wir Frl. Dipl.-Math. *I. Brückner*, Herrn *K. Grasshoff*, Herrn Dipl.-Math. *W. Thomas* und Herrn Dr. *R. Zobel* zu Dank verpflichtet. Ganz besonders herzlich danken wir Frau *U. Grasshoff* für die Herstellung der Reinschrift des Manuskriptes. Dem Vieweg-Verlag möchten wir für die Aufnahme des Bändchens in die Reihe uni-text danken.

E. Henze, H. H. Homuth

Braunschweig, im August 1973

Inhaltsverzeichnis

Einleitung

Die Codierungstheorie befaßt sich mit den mathematischen Problemen, die bei der Codierung und Decodierung von Nachrichten auftreten. Ihre Objekte sind Codes, d.h. Abbildungen, bei denen sowohl Original als auch Bild Nachrichten oder Wörter über gewissen Alphabeten sind. Um diese Begriffe präzisieren zu können, ist es notwendig, einige einführende Definitionen, wie z.B. Alphabete, Wörter, Wortmengen und Nachrichten voranzustellen. Die einfachsten Begriffe der Mengenlehre und der Wahrscheinlichkeitstheorie werden als bekannt vorausgesetzt; man findet sie in allen entsprechenden Lehrbüchern.

Definition 1: *Eine endliche nichtleere Menge*

$$A = \{ a_1, \ldots, a_k \}$$

heißt Alphabet, ihre Elemente heißen Buchstaben.

Definition 2: *Eine endliche Folge von nebeneinander geschriebenen Buchstaben*

$$x = x_1 x_2 \ldots x_n ; \; x_i \in A, i = 1, \ldots, n$$

heißt ein Wort der Länge $n = l(x)$. *Die Menge aller Wörter der Länge* n *wird mit* A^n *bezeichnet*:

$$A^n = \{ x \mid x = x_1 x_2 \ldots x_n \wedge x_i \in A \} = \{ x \mid l(x) = n \} .$$

Das Wort der Länge 0 *heißt leeres Wort* $-$ *es wird mit* e *bezeichnet und ist das einzige Element von* A^0.

Definition 3: *Die disjunkte Vereinigung* [1] *(Kleenesche Sternoperation)*

$$A^* = \sum_{i=0}^{\infty} A^i = \{ x \mid l(x) < \infty \}$$

heißt Wortmenge oder Sternmenge (oder Menge aller Wörter) über dem Alphabet A.

Bemerkung 1: In A^* läßt sich eine Verknüpfung zweier Wörter erklären; mit

$$p, q \in A^*; \; p = p_1 \ldots p_n, \; q = q_1 \ldots q_m$$

definiert man

$$pq = p_1 \ldots p_n q_1 \ldots q_m$$

(Nebeneinanderschreiben, Konkatenation).
Dabei gilt:

$$l(pq) = l(p) + l(q)$$

und

$$ep = pe = p \quad \text{für alle} \; p \in A^*.$$

---

[1]) Bei disjunkten Vereinigungen schreibt man statt $\cup$ üblicherweise das Symbol Σ.

Es ist natürlich i.a. $pq \neq qp$; aber die erklärte Verknüpfung ist assoziativ, d.h. A* bildet mit dieser Verknüpfung eine (reguläre) Halbgruppe mit Einselement. ∎

Definition 4: *Eine abzählbar-unendliche Folge von Buchstaben*

$$\underline{x} = x_1 x_2 x_3 \ldots$$

oder auch

$$\underline{x} = \ldots x_{-2} x_{-1} x_0 x_1 x_2 \ldots ; \quad x_i \in A$$

heißt Nachricht. Die Menge aller Nachrichten bildet den Nachrichtenraum $N(A) = A^\infty$.

Bemerkung 2: Es gilt

$$Anz(A^n) = |A^n| = |A|^n = k^n,$$

d.h. A* enthält abzählbar viele Elemente, während $N(A)$ für $k \geqslant 2$ überabzählbar viele Elemente enthält. ∎

In der Informationstheorie spielen spezielle Untermengen von $N(A)$ eine wichtige Rolle, nämlich die Zylinder oder Zylindermengen:

Definition 5: *Ein Zylinder über* A *ist bestimmt durch*:
   1. eine ganze Zahl $m \geqslant 1$,
   2. eine Folge von Buchstaben $\alpha_1, \ldots, \alpha_m \in A$,
   3. ganze Zahlen t_k; $k = 1, 2, \ldots, m$.
Der Zylinder besteht dann aus allen Nachrichten $\underline{x} \in N(A)$ *mit*

$$x_{t_k} = \alpha_k; \quad k = 1, 2, \ldots, m.$$

Bemerkung 3: Bei den Buchstaben eines Alphabets kann es sich z.B. um die Buchstaben und Satzzeichen einer natürlichen Sprache handeln. Legt man das Alphabet

$$A = \{0, 1, \ldots, 9, +, -, \cdot\}$$

zugrunde, so kann man das Dezimalsystem der reellen Zahlen R als Teilmenge von $N(A)$ ansehen. Die Elemente dieser Teilmenge sind nach gewissen Regeln (Syntax) ausgewählt; man nennt eine solche Teilmenge dann eine formale Sprache (im weiteren Sinne) über dem gegebenen Alphabet. Das Alphabet der Programmiersprache [1]) ALGOL 60 z.B. besteht aus 116 Buchstaben:

$$A_{\text{ALGOL 60}} = \{\text{'begin', 'goto', }\ldots\}. \quad ∎$$

Näheres über Alphabete, Wörter und Wortmengen findet man z.B. in *Maurer* (1969).

Gegeben seien nun zwei Alphabete

$$A = \{a_1, \ldots, a_k\} \quad \text{und} \quad B = \{b_1, \ldots, b_l\}$$

---

[1]) Eine Programmiersprache besteht im wesentlichen aus einer formalen Sprache und einer Vorschrift über die Bedeutung (Semantik) der Wörter (oder Sätze oder Programme) der Sprache.

und die dadurch bestimmten Nachrichtenräume N(A) bzw. N(B). Unter einem *Code* versteht man dann eine Abbildung

$$f: \quad N(A) \to N(B).$$

Diese in der (allgemeinen) Informationstheorie übliche Erklärung des Codes ist jedoch für viele konkrete Probleme und Untersuchungen viel zu weit gefaßt; in der im Abschnitt 1.2 gegebenen Definition (die dort erklärten Codes werden dann weiter untersucht) zieht man sich im wesentlichen auf den Fall zurück, in dem die Abbildung f auf überabzählbaren Teilmengen ihres Argumentbereiches, nämlich auf den von Wörtern (aus A*) bestimmten speziellen Zylindermengen, als Bilder Nachrichten hat, die alle zu einer von einem Wort (aus B*) bestimmten Zylindermenge gehören.

Der Ursprung der Codierungstheorie ist natürlich identisch mit dem Ursprung der Informationstheorie: es sind Probleme der Nachrichtentechnik bzw. -übermittlung. Man kann ja i.a. in technischen Systemen nur Nachrichten übertragen oder speichern, die in bestimmten Formen vorliegen; deswegen muß man in der Regel gegebene Nachrichten in solche übertragbare oder speicherbare codieren — und diese dann natürlich wieder decodieren. Die Aufgabe des ersten Kapitels ist es (neben der Definition der Codes und neben einem knappen Überblick), wichtige Problemstellungen der Codierungstheorie herauszuarbeiten.

1. Problemstellungen, Überblick

1.1. Informationstheorie und Codierungstheorie

Codierungsprobleme treten (wie schon erwähnt) bei der Übertragung oder Speicherung von Nachrichten auf. Zur Übertragung von Nachrichten dient der sogenannte Übertragungskanal oder Kanal, der auch als Speichermedium aufgefaßt werden kann. Das Übertragungsschema der Informationstheorie sieht so aus:

$$\text{Quelle} \to \text{Codierer} \to \boxed{\begin{array}{c} \text{Übertragungskanal} \\ \uparrow \\ \text{Rauschen} \end{array}} \to \text{Decodierer} \to \text{Empfangsteil}$$

Die Funktion der einzelnen Teile ist aus der Informationstheorie bekannt (vgl. *Henze/ Homuth* (1970)). Beim Kanal (*Automat*) setzt man eine diskrete Arbeitsweise voraus; in jedem Takt (numeriert mit 0, 1, 2, ...) wird genau ein Signal (Buchstabe) eingegeben und genau ein Signal wird vom Kanal ausgegeben.

Angelpunkt der Informationstheorie ist der *gestörte Kanal* — das führt zu seiner wahrscheinlichkeitstheoretischen Charakterisierung, d.h. sein Verhalten wird durch eine Familie von Wahrscheinlichkeitsverteilungen beschrieben; man geht dann noch einen Schritt weiter und beschreibt auch die Quelle als *stochastischen Prozeß*.

a) *Beschreibung der Quelle:*
Gegeben sei das Quellenalphabet
$$A = \left\{ a_1, \dots, a_k \right\} .$$

Damit ist auch der Nachrichtenraum $N(A)$ bestimmt: Jedes $\underline{x} \in N(A)$ wird — betrachtet als einelementige Menge $\{ \underline{x} \}$ — als (Elementar-)Ereignis eines Wahrscheinlichkeitsraumes aufgefaßt, dessen Basismenge für $k \geqslant 2$ überabzählbar ist. Man betrachtet nun Zylinder $Z \subset N(A)$; die von allen Zylindern über A erzeugte σ-Algebra sei $\mathbf{B}_A$ (vgl. *Henze* (1971)). Zur wahrscheinlichkeitstheoretischen Charakterisierung der Quelle genügt nach dem sogenannten Hauptsatz von *Kolmogoroff* (*Renyi* (1966)) die Vorgabe aller Wahrscheinlichkeiten $q(Z)$ von Zylindern $Z \subset N(A)$. Damit ist eindeutig auch die Wahrscheinlichkeit $q(S)$ einer beliebigen Menge $S \in \mathbf{B}_A$ von Elementarereignissen $\underline{x} \in N(A)$ bestimmt. Zur Beschreibung einer Quelle wird also verlangt:

1. ein Alphabet A,
2. ein Wahrscheinlichkeitsmaß
   $$q: \mathbf{B}_A \to [0,1],$$
wobei natürlich $q(N(A)) = 1$ ist. Die Quelle wird mit $[A, q]$ bezeichnet.

b) *Beschreibung des Kanals:*

Das zugrunde liegende Schema sieht im Prinzip so aus:

Eingang → $\boxed{\text{Kanal}}$ → Ausgang

Gegeben seien nun zwei Alphabete A und B, das Eingangs- bzw. Ausgangsalphabet – i.a. ist natürlich $A \neq B$. Mit den Alphabeten sind die Nachrichtenräume $N(A)$ und $N(B)$ und die σ-Algebren $\mathbf{B}_A$ und $\mathbf{B}_B$ bestimmt.

Falls etwa jedem $a \in A$ eindeutig ein $b \in B$ entspricht, so hat man einen Kanal ohne Störungen oder einen Übertrager (determinierter Automat). Im allgemeinen Fall (bei einem Kanal mit Störungen) kann man aber bei wiederholtem Einlesen von a ausgangsseitig verschiedene b erhalten. Man bezeichnet die Nachricht am Eingang des Kanals mit $\underline{x} = \ldots x_{-1}x_0x_1 \ldots \in N(A)$ und die Nachricht am Ausgang des Kanals mit $\underline{y} = \ldots y_{-1}y_0y_1 \ldots \in N(B)$ (jedem Eingangsbuchstaben entspricht ein Ausgangsbuchstabe).

Über $\mathbf{B}_B$ wird nun eine einparametrige Familie von Wahrscheinlichkeitsverteilungen vorgegeben. Die Wahrscheinlichkeit, daß ein $y_k = b$, $b \in B$, ist, hängt i.a. von der Gesamtheit der eingegebenen Buchstaben x_i, d.h. von $\underline{x}$ ab [1]):

$$P(y_k = b \,|\, \underline{x}) = p_{\underline{x}}(y_k = b).$$

Wieder müssen die Wahrscheinlichkeiten für alle Zylinder $Z_B \in \mathbf{B}_B$ gegeben sein:

$$p_{\underline{x}}(Z_B) = P(\underline{y} \in Z_B \,|\, \underline{x}).$$

Damit ist eine einparametrige Familie von Wahrscheinlichkeitsverteilungen auf $\mathbf{B}_B$ definiert und das Verhalten des Kanals beschrieben. Zur Beschreibung des Kanals wird also benötigt:

1. das Eingangsalphabet A,
2. das Ausgangsalphabet B,
3. eine Familie von Wahrscheinlichkeitsverteilungen, d.h. Wahrscheinlichkeiten, daß die empfangene Nachricht $\underline{y}$ in der Menge $S \in \mathbf{B}_B$ liegt, wenn $\underline{x} \in \mathbf{B}_A$ gesendet wurde:
   $$p_{\underline{x}}(S) = P(\underline{y} \in S \,|\, \underline{x}).$$

Der Kanal wird mit $[A, p_{\underline{x}}, B]$ bezeichnet. Man betrachtet in der Informationstheorie i.a. nur stationäre Kanäle ohne Vorgriff und mit endlichem Gedächtnis (vgl. dazu *Henze/ Homuth* (1970)).

c) Einer der fundamentalen Begriffe der Informationstheorie ist die *Entropie*, ein Maß für die Menge an Information, die in einer ‚Nachricht' enthalten ist. – Auf anschaulichem Wege kommt man zu einem solchen Maß in der folgenden Weise:

Man mißt die Informationsmenge, die in einem Wort enthalten ist, durch die Anzahl der Zeichen, die man zu der gedrängtesten, d.h. kürzesten Formulierung benötigt. Man nimmt dabei an, daß jedes Wort durch gleichlange Folgen von Nullen und Einsen charakterisiert wird

---

[1]) Bei Elementarereignissen soll – wenn sie als Argument auftreten – das „Mengensymbol" $\{\ \}$ weggelassen werden.

(Binärcode, siehe Abschnitt 1.2). Als Maß für die Einheit der Information wählt man z.B. das bit (binary digit); es mißt die Information, die angibt, ob eine Stelle den Wert 0 oder 1 annimmt.

Man betrachtet nun eine Quelle $[A, q]$, die so angegeben werden kann:

$$[A, q] = \begin{pmatrix} a_1 \ldots a_N \\ p_1 \ldots p_N \end{pmatrix} - \text{mit } p_i = q(a_i); \; i = 1, \ldots, N; \; \sum_{i=1}^{N} p_i = 1$$

(a_i steht in q für den von a_i allein bestimmten Zylinder). Das Alphabet $A = \{a_1, \ldots, a_N\}$ ist also wie bisher die Menge der möglichen Buchstaben; dann ist jede (elementare) Information (d.h. jeder Ausgang eines Experiments) die Kennzeichnung eines gewissen Elements dieser Menge. Man nimmt hier noch an, daß die N Ereignisse a_i voneinander unabhängig (Quelle ohne Gedächtnis, endlicher Wahrscheinlichkeitsraum) und gleichwahrscheinlich sind.

Man setzt zunächst voraus, daß für die Anzahl der möglichen Buchstaben

$$\text{Anz}(A) = N = 2^n$$

gilt. Als Maß für die Information kann man dann z.B. eine monotone Funktion von N wählen, etwa den Logarithmus, denn der Wert hängt offenbar davon ab, wie viele Elemente A enthält.

Zur Angabe eines Elementes von A benötigt man eine n-gliedrige Folge von Nullen und Einsen; jedes Experiment hat dann den Informationsgehalt

$$n = \log N \quad \text{bit}\,^1).$$

1928 definierte *Hartley* allgemein die Information H aus dem Ausgang eines Experiments (Auswahl eines Buchstabens) durch

$$H = \log N \quad \text{bit},$$

auch wenn N keine Zweierpotenz ist. Voraussetzung ist hier natürlich immer noch, daß alle Buchstaben des Alphabets A gleichwahrscheinlich sind. Durch die folgende anschauliche Betrachtung kann man sich auch davon befreien:

$$H = -\log \frac{1}{N} = -\frac{N}{N} \log \frac{1}{N}$$
$$= -Np \log p$$
$$= -\sum_{i=1}^{N} p \log p$$
$$= -\sum_{i=1}^{N} p_i \log p_i.$$

Jetzt kann man von der Voraussetzung der Gleichverteilung absehen.

$^1)$ Wenn bei dem Zeichen log keine Basis vermerkt ist, ist stets der Logarithmus zur Basis 2 gemeint.

Der Ausdruck[1])

$$H = H(A) = H(p_1, \ldots, p_N) = - \sum_{i=1}^{N} p_i \log p_i$$

heißt die Shannonsche Formel für die Entropie einer Wahrscheinlichkeitsverteilung, d.h. für die Entropie des durch das Schema

$$[A, q] = \begin{pmatrix} a_1 \ldots a_N \\ p_1 \ldots p_N \end{pmatrix}$$

bestimmten endlichen Wahrscheinlichkeitsraumes. Offensichtlich gilt stets $H(A) \geqslant 0$. H ist das mittlere Maß an Information, daß Maß für die Unbestimmtheit. Man konstatiert also die Tatsache, daß *Information (Informationsgewinn eines Versuches) gleich Beseitigung der Ungewißheit* ist.

Mit der Shannonschen Formel

$$H = - \sum_{i=1}^{N} p_i \log p_i$$

definiert man nun abstrakt den Begriff der Entropie für einen endlichen Wahrscheinlichkeitsraum; es ist dann zu sehen, daß H ein ‚vernünftiges' Maß für die Entropie ist und daß sich auch unter ‚vernünftigen' (und naheliegenden) Voraussetzungen an ein Maß für die Entropie H eindeutig bis auf einen konstanten Faktor ergibt — letzteres ist der sogenannte *Eindeutigkeitssatz für die Entropie*. Eine Änderung des Faktors bedeutet nur den Übergang zu einem anderen Logarithmensystem und damit zu einer anderen Einheit des Entropiemaßes.

d) Die Hauptergebnisse der Informationstheorie sind niedergelegt in den beiden Shannonschen Sätzen (vgl. etwa *Henze/Homuth* (1970)). Sie sagen in anschaulicher Ausdrucksweise folgendes aus: Gegeben seien ein Kanal und eine Quelle, für die gewisse Voraussetzungen erfüllt sind: die Entstehungsgeschwindigkeit der Information in der Quelle möge die Durchlaßkapazität oder Kanalkapazität — das ist die obere Grenze der Übertragungsgeschwindigkeit des Kanals — nicht überschreiten. Dann kann man stets für die Quelle einen Code so finden, daß bei der Übertragung der Informationsverlust, der ja dem Übertragungsfehler entspricht, beliebig klein wird.

Die Beweise der Shannonschen Sätze geben keine Konstruktionsvorschrift für den ‚optimalen' Code. —

Die Aufgabe der Codierungstheorie ist nun die Untersuchung und mathematische Behandlung der Codes. In diesem Sinne ist die Codierungstheorie ein Teilgebiet der Informationstheorie; sie hat natürlich darüber hinaus selbständige Bedeutung und wird selbständig behandelt.

---

[1]) Man setzt noch $p_i \log p_i = 0$ für $p_i = 0$.

1.2. Definition des Codes

Gegeben seien zwei Alphabete

$$A = \left\{ a_1, \ldots, a_k \right\} \quad \text{und} \quad B = \left\{ b_1, \ldots, b_l \right\}.$$

Damit sind auch die Wortmengen oder Sternmengen bestimmt (Kleenesche Sternoperation), d.h. die Menge aller Wörter über den Alphabeten A bzw. B:

$$A^* = \sum_{n=0}^{\infty} A^n \quad \text{und} \quad B^* = \sum_{n=0}^{\infty} B^n.$$

Ferner seien A' bzw. B' Teilmengen von A^* bzw. B^*.

Definition 1: *Ein Code ist eine (eindeutige) Abbildung*

$$f: A' \longrightarrow B'.$$

Wenn es zweckmäßig ist, bezeichnet man auch die Menge aller Bilder $B_f' \subset B'$ von f als Code. In fast allen praktisch vorkommenden Fällen wird noch die naheliegende Forderung (im allgemeinen Erweiterung des Definitionsbereiches von f)

$$\bigwedge_{w_1, w_2 \in A'} \quad (f(w_1 w_2) = f(w_1) f(w_2))$$

gestellt. Das Wort auf der rechten Seite dieses Ausdruckes nennt man allgemein auch Bildwort oder Codewort.

Definition 2: *f heißt Binärcode, wenn das zugrundeliegende Bildalphabet zweielementig, d. h. in der Regel $B = \{0,1\}$ oder $B = \{0, L\}$ gilt.*

Beispiel 1: Der sogenannte Dualcode ist definiert durch die Angaben

$$A' = \{ 0, x_1 \ldots x_k \cdot 10^m \mid x_i \in \{0, 1, \ldots, 9\} \land -\infty < m < \infty, \text{ganz} \}; \quad B = \{0,1\}, \quad B' = B^*$$

Gegeben sei nun ein n-stelliges diskretes Signal $j_0, \ldots, j_{n-1}$ ($j_i \in B$); j_0 erhält als Stellenwertigkeit eine Zweierpotenz 2^s ($-\infty < s < \infty$, ganz); die Parameter $j_1, \ldots, j_{n-1}$ erhalten dann die Wertigkeiten $2^{s+1}, \ldots 2^{s+n-1}$. Jedem n-stelligen Codewort $j_0 j_1 \ldots j_{n-1}$ ist damit eindeutig die Zahl

$$x = \sum_{i=0}^{n-1} j_i 2^{s+i} \in A'$$

zugeordnet. Ein Dualcode ist also gegeben durch die Codewortlänge n und die Stellenwertigkeit 2^s des Parameters j_0.

Beispiel 2: Der dezimal-binäre Code: Hier ist

$$A' = A = \{0, 1, \ldots, 9\} \quad \text{und} \quad B' = B^4.$$

Jede Dezimalziffer wird unabhängig von den anderen codiert. Der Code ist redundant: sechs Wörter haben keine Bedeutung (kein Original) – man nennt diese Wörter Pseudotetraden. Die Begriffe werden später genau erklärt.

a) Dezimal-dualer Code

Original	Bild	
0	0000	
1	1000	
. . . .		
9	1001	
	0101	
	. . . .	Pseudotetraden
	1111	

b) Dreiexzeßcode

Original	Bild	
	0000	
	1000	Pseudotetraden
	0100	
0	1100	
. . . .		
9	0011	
	1011	
	0111	Pseudotetraden
	1111	

c) Aiken-Code

Original	Bild	
0	0000	
. . . .		
4	0010	
	1010	
	. . . .	Pseudotetraden
	0101	
5	1101	
. . . .		
9	1111	

Die Codes b) und c) sind sogenannte symmetrische Codes; im letzten Kapitel wird auf praktische Eigenschaften dieser und weiterer Codes eingegangen.

Definition 3: *Der Code* f *heißt genau dann Wortcode, wenn* $A' = A^n$ $(n \geqslant 1)$ *gilt.*

Man spricht in diesem Zusammenhang auch von Wortcodierung; in der Literatur (*Chintschin* (1957), *Schultze* (1969)) wird auch der Ausdruck ‚Kettchencodierung' benutzt.

Definition 4: *Der Code* f *heißt genau dann Blockcode, wenn*

$$B' = B^n = \{\, y \mid y = y_1 \ldots y_n \,, y_i \in B = \{\, b_1, \ldots, b_l \,\} \; \forall \; i \,\}$$

gilt. (Es ist dann $\mathrm{Anz}(B') = |B'| = l^n$ *.) Die* $y \in B'_f \subset B^n$ *heißen Codewörter (oder Code-blöcke); die Zahl* n *heißt die Länge des Codes.*

Die Binärcodes des Beispiels 2 sind sowohl Wort- als auch Blockcodes.

Die nächsten Begriffsbildungen betreffen nur Binärcodes. Bei einem Binärcode (Übertragung in einem Binärkanal) werden $q = 2$ Symbole $((0, 1)$ oder $(0, L))$ verwendet; diese q Symbole können als Elemente eines Körpers B mit den Verknüpfungstafeln

+	0	1		·	0	1
0	0	1		0	0	0
1	1	0		1	0	1

aufgefaßt werden. Die Menge aller aus Körperelementen gebildeten n-Tupel $(n \geqslant 1)$

$$v = y_1 \ldots y_n$$

bildet einen Vektorraum $V = B^n$ über B. V spielt in der Codierungstheorie (bei den Linearcodes nämlich) eine wichtige Rolle. Der Körper B wird mitunter auch mit K_2 oder $GF(2)$ (Galois-Feld über einer zweielementigen Menge) bezeichnet. Der Vektorraum B^n heißt dann auch oft K_2^n. Es ist natürlich offensichtlich, daß $B^n = K_2^n$ ein Vektorraum ist, denn die Menge aller n-Tupel aus Elementen eines Körpers K ist (bei naheliegender Definition von Vektoraddition und Multiplikation von Skalar und Vektor) stets ein (sog. arithmetischer) Vektorraum der Dimension n über K (vgl. auch *Hornfeck* (1973)).

Definition 5: *Der Code* f *sei ein Blockcode und die Wortmenge* $B' = B^n$ *sei jetzt aufgefaßt als Vektorraum über B. Ferner sei* $B'_f = L \subset B^n$ *die Menge aller Bilder von* f. *Dann heißt* f *ein Linearcode* [1]) *L genau dann, wenn* L *Unterraum von* B^n *ist. Jedes Element* v *aus* L *heißt Codevektor.*

Definition 6: *Der Code* f *sei ein Linearcode* L. f *heißt genau dann zyklischer Code, wenn aus* $v = y_1 y_2 \ldots y_n \in L$ *auch* $v' = y_n y_1 y_2 \ldots y_{n-1} \in L$ *folgt.*

Beispiel 3: (*Peterson* (1967)) Für $n = 5$ bilden die Codevektoren (Codewörter)

$$
\begin{aligned}
v_1 &= 00000 = \underline{0} \\
v_2 &= 10011 \\
v_3 &= 01010 \\
v_4 &= 11001 \\
v_5 &= 00101 \\
v_6 &= 10110 \\
v_7 &= 01111 \\
v_8 &= 11100
\end{aligned}
$$

---

[1]) Man nennt L auch *Gruppencode* (oder Gruppenalphabet). L wird hier nicht als Abbildung aufgefaßt, sondern als Menge der Bilder der Abbildung.

einen Unterraum L des Vektorraums B^5 aller Quintupel aus Elementen von B, weil L
eine Untergruppe der abelschen Gruppe von B^5 ist. Durch L ist also ein Linearcode
gegeben.

Definition 7: *Durch f sei ein Linearcode L bestimmt. Eine Menge von Basisvektoren
von L heißt dann eine Codebasis.*

Die (n-stelligen) Basisvektoren kann man als Zeilen einer Matrix G anordnen, G heißt
dann *Basismatrix* von L. Der Zeilenraum von G bildet den Linearcode L − ein Vektor
ist genau dann ein Codevektor $v \in L$, wenn er durch eine Linearkombination der Zeilen
von G darstellbar ist. Sei dim(L) = k, dann hat G k Zeilen (und den Rang k). Ein Codevektor ist daher eine Linearkombination der k Zeilenvektoren von G; jede Linearkombination enthält k Koeffizienten, jeder kann q = 2 mögliche Werte annehmen, d.h. es
gibt in L genau $q^k = 2^k = N$ voneinander verschiedene Codevektoren. Die ermittelte
Zahl N heißt der Umfang des Codes. Der Code wird dann kennzeichnend auch (n,k)-
Code genannt. Auch bei Nicht-Linearcodes nennt man natürlich die Anzahl der als Bilder
auftretenden Codewörter Umfang des Codes: $N = |B'_f|$.

Im allgemeinen ist die Matrixdarstellung sehr viel knapper als die Liste der Codevektoren;
z.B. (vgl. *Peterson* (1967)) ist ein (50, 30)-Code durch eine (30, 50)-Matrix darstellbar
− es gibt jedoch mehr als 10^9 Codevektoren.

Beispiel 4: Der Linearcode des Beispiels 3 besitzt die Basismatrix

$$\begin{pmatrix} 10011 \\ 01010 \\ 00101 \end{pmatrix} \quad \text{oder} \quad \begin{pmatrix} 10011 \\ 11001 \\ 11100 \end{pmatrix}$$

Definition 8: *Der Code f sei ein Blockcode, $v = y_1 y_2 \ldots y_n \in B^n$ ein Wort. Dann nennt
man die durch normale Addition gebildete Summe (reeller Zahlen)*

$$w(v) = \sum_{i=1}^{n} y_i$$

*das Hamming-Gewicht von v (also die Anzahl der von Null verschiedenen Koordinaten).
Sind $v_1, v_2 \in B^n$ zwei beliebige Wörter, so heißt*

$$w(v_1 - v_2) = d(v_1, v_2)$$

*der Hamming-Abstand der beiden Wörter (dabei ist $w(v_1 - v_2) = w(v_1 + v_2)$, da $-1 = 1$
in B gilt).*

Bemerkung 1: Der Hamming-Abstand d (die Anzahl der Positionen, in denen sich v_1
und v_2 unterscheiden) ist eine Metrik auf der Menge B^n. Der Beweis ist offensichtlich. ■

Bemerkung 2: Im nichtbinären Fall ist noch ein anderer Abstandsbegriff, der sogenannte
Lee-Abstand bekannt: Gegeben sei das Wort

$$v = y_1 y_2 \ldots y_n \in B^n$$

mit

$$y_i \in B = \{\, b_1, \dots b_l \,\} \, \forall \, i \qquad (l \geqslant 3, \text{ prim}).$$

Dann erklärt man das Lee-Gewicht von v durch

$$w_L(v) \;=\; \sum_{i=1}^{n} \bar{y}_i$$

mit

$$\bar{y}_i \;=\; \pm \, y_i \,(\text{mod}\, l), \qquad 0 \leqslant \bar{y}_i \leqslant \frac{l-1}{2}\,.$$

Für B steht hier natürlich der isomorphe Primzahlkörper. Den Lee-Abstand definiert man dann durch

$$d_L(v_1, v_2) \;=\; w_L(v_1 - v_2). \quad \blacksquare$$

Definition 9: *Der Code* f *sei ein Blockcode; eine Menge* $U \subset B^n$ *von Wörtern heißt dann Hamming-Umgebung von* $v \in B^n$, *wenn für alle* $u \in U$

$$d(v, u) \leqslant \epsilon$$

gilt. Man spricht auch von einer Hamming-ϵ-Umgebung.

Definition 10: *Gegeben sei ein Code* $B'_f \subset B' = B^n$ *der Länge* n *und des Umfanges* $N = |\, B'_f \,|$. *Ein Codesystem (vgl. auch Wolfowitz (1964)) ist dann eine Menge geordneter Paare*

$$C = \{\, (v_1, V_1), \dots, (v_N, V_N) \,\}$$

mit

$$v_i \in B'_f, \quad i = 1, \dots, N;$$

und

$$v_i \in V_i \subset B^n \; \forall \, i; \quad V_i V_k = \phi, \quad i \neq k.$$

Speziell kann man natürlich fordern, daß die V_i *Hamming-(ϵ_i)-Umgebungen von* v_i *sind und daß*

$$\sum_{i=1}^{N} V_i = B^n$$

gilt. Ein Codesystem mit der letzten Eigenschaft soll vollständiges Codesystem heißen.

Die Codes der Beispiele 1 und 2 sind eindeutig decodierbar. Das *Decodierbarkeitsproblem*, d.h. der Schluß von der empfangenen auf die gesendete Nachricht, spielt natürlich eine wichtige und zentrale Rolle in der Codierungstheorie. Nun treten aber bei der Nachrichtenübertragung wegen des Rauschens i.a. Fehler auf; es ist daher eine Hauptaufgabe der Theorie, Verfahren, d.h. Codes anzugeben, bei denen Übertragungsfehler zu erkennen und vielleicht auch zu korrigieren sind. Genauer gesagt sollen wenigstens die wahrscheinlichsten Fehlerkonfigurationen erkennbar und korrigierbar sein, es soll also mit einer möglichst großen Sicherheitswahrscheinlichkeit von der empfangenen auf die gesendete Nachricht geschlossen werden können.

Beispiel 5: (*Peterson* (1967)) Gegeben seien

$$A = A' = \{a_1, a_2, a_3, a_4\} \quad \text{und} \quad B' = B^5$$

und die Codierung

$$f(a_1) = 11000 = v_1 \qquad f(a_2) = 00110 = v_2$$
$$f(a_3) = 10011 = v_3 \qquad f(a_4) = 01101 = v_4.$$

Dann ist durch das folgende Schema ein vollständiges Codesystem bestimmt:

$v_1 =$	$v_2 =$	$v_3 =$	$v_4 =$
11000	00110	10011	01101
11001	00111	10010	01100
11010	00100	10001	01111
11100	00010	10111	01001
10000	01110	11011	00101
01000	10110	00011	11101
11110	00000	01011	10101
01010	10100	11111	00001

$$V_1 = \qquad V_2 = \qquad V_3 = \qquad V_4 =$$

Dieses Schema kann als Decodierungsliste angesehen werden; wird ein Wort $v \in V_i$ empfangen – das durch Rauschen gestört sein kann, also nicht mit einem v_k identisch sein muß –, so wird es durch a_i decodiert. Es ist wichtig, die V_i so zu bestimmen, daß jedes Element von V_i einen möglichst kleinen Hamming-Abstand von v_i hat, so daß die angegebene Decodierung ‚am wahrscheinlichsten‘ wird. In der Theorie der Linearcodes wird hierauf näher eingegangen, dort werden allerdings z.T. auch andere Bezeichnungen verwendet.

Bemerkung 3: Natürlich gibt es noch sehr viel mehr Code-Arten, als hier bisher genannt wurden; sie sind aus den verschiedensten Gründen entwickelt und untersucht worden. Einige weitere Code-Arten werden im Laufe der Betrachtungen erwähnt. ■

1.3. Überblick

Das Beispiel 1.2; 5 zeigt schon die Hauptprobleme der Codierungstheorie auf; es war dazu in diesem vorbereitenden Abschnitt allerdings notwendig, schon näher auf einige Dinge aus der Theorie der Linearcodes einzugehen.

Die *Hauptprobleme* lassen sich etwa so formulieren:

1. Auffinden von Codes, die bezüglich des Übertragungsaufwandes ‚optimal‘ sind;

2. Auffinden von Codes, bei denen man Fehler erkennen und eventuell sogar korrigieren kann (es zeigt sich, daß die Codes dann i.a. sehr lang sein müssen, also kaum optimal sein können);

3. Entwicklung von praktischen Verfahren für die Fehlererkennung und -korrektur und überhaupt für die Codierung und Decodierung.

Im zweiten Kapitel wird auf den ersten Problemkreis eingegangen; *Berlekamp* (1969) nennt diesen Zweig ‚statistische Codierungstheorie'. Zur Behandlung des zweiten Problemkreises bieten sich algebraische Methoden an: Im vierten Kapitel wird auf die Theorie der Linearcodes eingegangen — *Berlekamp* (1969) nennt diesen Zweig dann auch ‚algebraische Codierungstheorie'. Der genannte dritte Problemkreis soll in dieser Einführung nicht behandelt werden. Die Theorie der sogenannten Schlüssel, das sind spezielle Codes, kann man weder der statistischen noch der algebraischen Codierungstheorie zuordnen (eben wegen der Ziele dieser Theorie, der sogenannten Kryptologie); im dritten Kapitel sollen solche Codes — wenn auch natürlich nur sehr knapp — behandelt werden. Im fünften Kapitel schließlich werden neben einigen abschließenden Bemerkungen einige Hinweise über praktische Eigenschaften einfacher Codes gegeben.

2. Codierung diskreter Quellen

In diesem Kapitel, das dem *statistischen Zweig* der Codierungstheorie angehört, werden stationäre diskrete (also taktweise arbeitende) Informationsquellen betrachtet. Mit der Quelle $[A, q]$ ist auch der Nachrichtenraum $N(A)$ festgelegt, d.h. die Basismenge des der Quelle zugeordneten Wahrscheinlichkeitsraumes

$$(N(A), \mathbf{B}_A, q).$$

Eine Quelle ist ja — wie im Abschnitt 1.1 beschrieben — erst dann vollständig charakterisiert, wenn — anschaulich gesprochen — außer dem Quellenalphabet A noch das ‚statistische Gesetz‘, d.h. die Wahrscheinlichkeit für die Aneinanderreihung der Buchstaben, also die Funktion q, gegeben ist.

Man unterscheidet (wie bei Kanälen) Quellen ohne und mit Gedächtnis. Quellen ohne Gedächtnis sind allein durch Angabe der Buchstabenwahrscheinlichkeiten $p_i = q(a_i)$ beschreibbar, d.h. die Quelle liefert die Buchstaben unabhängig voneinander. Bei Quellen mit Gedächtnis (Abschnitt 2.3) besteht eine *Nachwirkung der Vergangenheit auf die Zukunft;* eine solche Quelle ist dann nicht einfach durch Angabe der p_i bestimmt, sondern q beschreibt einen *stochastischen Prozeß höherer Ordnung.*

Die hier behandelten Codes sind i.a. keine Blockcodes, wohl aber Wortcodes (vgl. Abschnitt 1.2). Die Definitionen und Sätze werden nicht nur für Binärcodes formuliert (bzw. bewiesen), sondern für allgemeinere Codes.

2.1. Quellen ohne Gedächtnis

Gegeben sei die Quelle

$$[A, q] = \begin{pmatrix} a_1 & a_2 & \ldots & a_k \\ p_1 & p_2 & \ldots & p_k \end{pmatrix}; \quad q(a_i) = p_i; \quad \sum_{i=1}^{k} p_i = 1.$$

(a_i steht in q für den durch a_i selbst bestimmten Zylinder, dessen Basis also die Länge 1 hat — entsprechend gilt dies im folgenden natürlich auch für andere Argumente von q.) Es soll sich um eine Quelle ohne Gedächtnis handeln, d. h. es gilt

$$q(x_1 x_2 \ldots x_n) = \prod_{i=1}^{n} q(x_i); \quad x_i \in A, \quad q(x_i) \in \{p_1, \ldots p_k\} \ \forall \, i.$$

p_i ist anschaulich zu interpretieren als ein Maß für die *relative Häufigkeit* des Auftretens von a_i in der endlichen Approximation einer Nachricht $\underline{x} \in N(A)$ (etwa dem Text eines Buches).

Die a_i sollen nun im folgenden zunächst mit einem Wortcode f, der als Argument Wörter der Länge 1 hat (also $A' = A$, vgl. Definition 1.2; 1), codiert werden; das Bildalphabet sei

$$B = \{b_1, \ldots, b_l\}.$$

Es gelte dann

$$f(a_i) = y_1^i y_2^i \ldots y_{s_i}^i; \quad y_j^i \in B.$$

$s_i = l(f(a_i)) \geqslant 1$ ist die Länge des a_i zugeordneten Codewortes. Die mittlere Codewortlänge dieses Codes ist dann offenbar

$$s = \sum_{i=1}^{k} p_i \, s_i \; .$$

Beispiel 1: (*Schultze* (1969))

$$A = \{a, b, c, d, e, f, g, h\}, \quad |A| = 8$$
$$B = \{0, 1\}$$

i	a_i	p_i	Code 1	Code 2	s_i für Code 2
1	a	1/4	001	00	2
2	b	1/4	001	01	2
3	c	1/8	010	100	3
4	d	1/8	011	101	3
5	e	1/16	100	1100	4
6	f	1/16	101	1101	4
7	g	1/16	110	1110	4
8	h	1/16	111	1111	4

$$s = 2{,}75$$

Beim zweiten Code sind bei den Codewortlängen die Unterschiede zwischen den Wahrscheinlichkeiten für die a_i ausgenutzt worden, d.h. je größer die Wahrscheinlichkeit für a_i ist, desto kürzer ist das zugehörige Codewort.

Das Beispiel weist auf zwei wesentliche Fragestellungen hin:

1. Welcher Code hat bei gegebener Quelle $[A, q]$ unter allen Codes mit bestimmten, im folgenden zu untersuchenden Eigenschaften die kleinste mittlere Codewortlänge?
2. Wie konstruiert man einen solchen Code?

Die erste Frage führt schließlich auf den Begriff des *optimalen Codes*, der bezüglich des Übertragungsaufwandes am günstigsten ist.

Der Empfänger einer codierten Nachricht erhält eine Buchstabenfolge

$$y_1 y_2 \ldots y_i \ldots ; \quad y_i \in B.$$

Die Decodierung dieser Nachricht bedeutet, daß dieser Buchstabenfolge eine Folge

$$x_1 x_2 \ldots x_i \ldots ; \quad x_i \in A$$

zugeordnet wird. Jeder Originalfolge entspricht natürlich eindeutig eine Bildfolge; für die Umkehrung erklärt man:

Definition 1: *Ein Code heißt entzifferbar, wenn ein gegebenes Wort über* B *auf höchstens eine Art decodiert werden kann.*

Offenbar ist ein Code entzifferbar, wenn kein Codewort mit dem Anfang eines anderen Codewortes [1]) übereinstimmt. Das führt zur

Definition 2: *Ein Code heißt irreduzibel, wenn kein Codewort mit dem Anfang eines anderen Codewortes übereinstimmt.*

Dann gilt ganz offensichtlich der

Satz 1: *Jeder irreduzible Code ist entzifferbar.*

Die Umkehrung gilt nicht:

Beispiel 2:

$$A = \{a, b\} ; \quad B = \{0, 1\}$$
$$f: A \longrightarrow B' \quad \text{mit} \quad f(a) = 0, \quad f(b) = 01.$$

f ist offensichtlich nicht irreduzibel, wohl aber entzifferbar.

Jeder Blockcode, bei dem ein Bild nur ein Original besitzt, f also eineindeutig ist, ist natürlich irreduzibel (Beispiel: Code 1 des Beispiels 1). Der Code 2 des Beispiels 1 ist ebenfalls irreduzibel.

Eines der zentralen Probleme der Codierungstheorie ist das Decodierungsproblem, genauer: die Untersuchung (eindeutig) decodierbarer Codes. Zunächst wird eine Eigenschaft einer Klasse dieser Codes gezeigt:

Satz 2: *Für einen entzifferbaren Code   f: A $\longrightarrow$ B' gilt*:

$$\sum_{i=1}^{k} l^{-s_i} \leqslant 1$$

(Ungleichung von Kraft).

Beweis: Es gibt l^m m-stellige Wörter über B, N(m) davon sollen bei der gegebenen Codierung f als Bilder auftreten [2]). Da f als entzifferbar vorausgesetzt ist, kann jedes m-stellige Wort über B auf höchstens eine Art decodiert werden, d.h. es gilt

$$N(m) \leqslant l^m.$$

Gesucht ist eine Rekursionsformel für N(m): Sei c_j die Anzahl der bei der gegebenen Codierung auftretenden Codewörter der Länge $j = s_i$; mit $K = \max(s_i)$ setzt man noch

$$c_j = 0 \quad \text{für} \quad j > K.$$

Dann gilt offenbar:

$$\sum_{i=1}^{k} l^{-s_i} = c_1 l^{-1} + c_2 l^{-2} + \ldots + c_K l^{-K} = \sum_{j=1}^{K} c_j l^{-j}.$$

---

[1]) Zu zwei Originalen gehören natürlich zwei – nicht notwendig verschiedene – Codewörter.

[2]) d.h. ggf. als Produkte oder Produktteile von Codewörtern $f(a_j)$.

Die Anzahl derjenigen von den $N(m)$ Bildwörtern, die mit einem j-stelligen Codewort beginnen, ist offensichtlich gleich

$$c_j \cdot N(m-j), \quad 1 \leqslant j < m.$$

Mit $N(0) = 1$ gilt diese Aussage auch für $j = m$. Jedes der $N(m)$ Bildwörter kann mit einem 1-, 2-, ... , höchstens m-stelligen Codewort beginnen; es gilt also

$$N(m) = \sum_{j=1}^{m} c_j N(m-j), \quad m \geqslant 1.$$

Das ist die gesuchte Rekursionsformel für $N(m)$. Man bildet nun die Potenzreihe

$$F(x) = \sum_{m=0}^{\infty} N(m) x^m.$$

Wegen $N(m) \leqslant l^m$ ist

$$|F(x)| \leqslant \sum_{m=0}^{\infty} N(m) |x|^m \leqslant \sum_{m=0}^{\infty} |lx|^m,$$

d.h. für $|x| < 1/l$ konvergiert $F(x)$ absolut und wegen $F(0) = 1$ gilt offenbar

$$F(x) > 0 \quad \text{im Intervall} \quad 0 \leqslant x < 1/l.$$

Die Potenzreihe

$$G(x) = \sum_{j=1}^{\infty} c_j x^j$$

ist wegen $c_j = 0$ für $j > K$ und $c_K \neq 0$ ein Polynom K-ten Grades. Die beiden Reihen dürfen dann miteinander multipliziert werden:

$$\begin{aligned}
G(x) \cdot F(x) &= \sum_{j=1}^{\infty} c_j x^j \cdot \sum_{r=0}^{\infty} N(r) x^r \\
&= \sum_{j=1}^{\infty} \sum_{r=0}^{\infty} c_j N(r) x^{j+r} \\
&= \sum_{m=1}^{\infty} x^m \cdot \sum_{j=1}^{\infty} c_j N(m-j) \\
&= \sum_{m=1}^{\infty} N(m) x^m = F(x) - 1.
\end{aligned}$$

Wegen

$$G(x) = 1 - 1/f(x)$$

und $F(x) > 0$ ist dann im Intervall $0 \leqslant x < 1/l$

$\qquad G(x) < 1 .$

Da $G(x)$ stetig ist, gilt

$$G(1/l) = \sum_{j=1}^{K} c_j\, l^{-j} = \sum_{i=1}^{k} l^{-s_i} \leqslant 1 . \quad \blacksquare$$

In einem gewissen Sinne gilt auch die Umkehrung dieses Satzes; als Beweishilfsmittel wird
dazu noch der auch sonst wichtige *Codierbaum* benötigt. Zunächst soll daher dieser Begriff
erläutert werden:

Der Codierbaum bietet eine Möglichkeit zur anschaulichen Beschreibung einer Codierung;
er soll hier am Muster des Codes 2 vom Beispiel 1 erklärt werden (Bild 1).

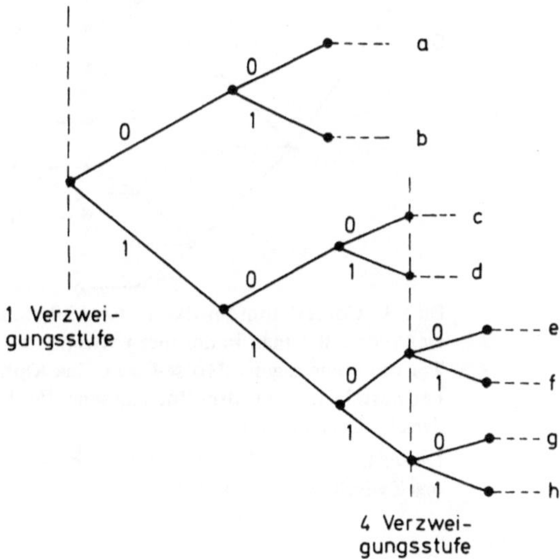

Bild 1

Codierbaum für den Code 2
des Beispiels 1

Bei einem Binärcode (binärer Codierbaum) gabelt sich jeder Ast in zwei neue Äste. Am
Ende der Äste, die mit 0 bzw. 1 beziffert sind, steht das Original des die Verzweigungs-
folge bestimmenden Codewortes. Offensichtlich ist ein Codierbaum besonders für die
Durchführung der Decodierung bei irreduziblen Codes geeignet. Es gilt hier nämlich: Ein
Code ist genau dann irreduzibel, wenn kein Codewort auf einem Zweig sitzt, der von
einem bereits durch ein Codewort besetzten Zweig abstammt. Durch einen Codierbaum
wie im Bild 1 ist also ein irreduzibler Code charakterisiert. Die Verallgemeinerung auf
Nichtbinär-Codes, d.h. nichtbinäre Codierbäume, ist offensichtlich die Verzweigung je-
weils in l neue Äste. Zwei weitere Beispiele für Codierbäume sind die des bekannten
Fernschreib- wie des Morse-Alphabets der Telegraphie:

Beispiel 3:

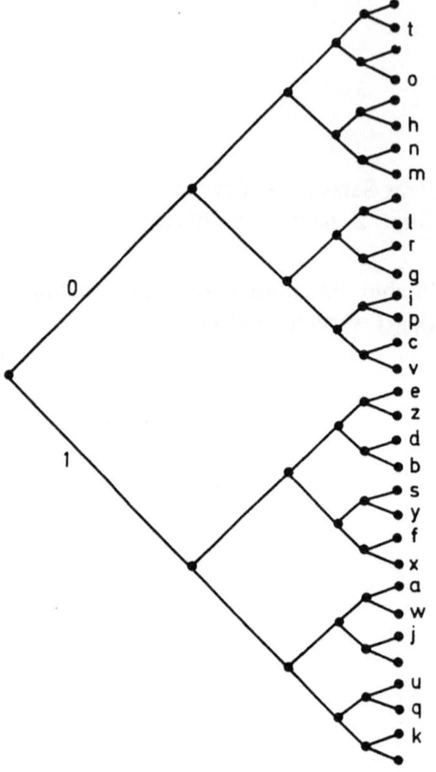

Bild 2. Codierbaum für das Fünfer-Alphabet für Fernschreiber.

Dieser Code ist ein Blockcode; damit ist er trivialerweise irreduzibel.

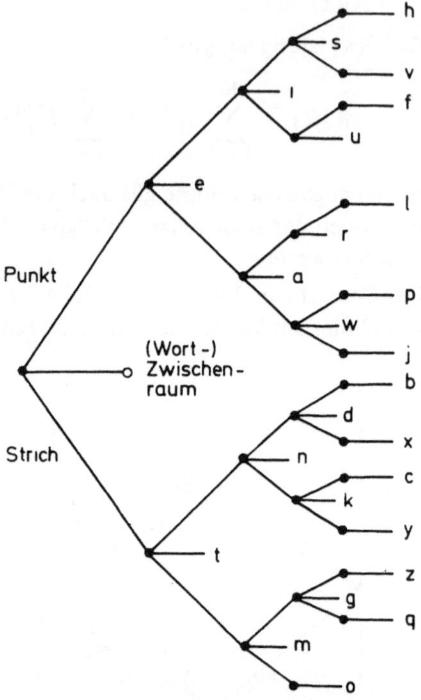

Bild 3. Codierbaum für das Morse-Alphabet. Genauer sollte man in der hier verwendeten Terminologie sagen: Morse-Code. Das Alphabet besteht hier aus drei Buchstaben: Punkt, Strich, Zwischenraum.

Dieser Code ist nicht irreduzibel, aber wegen des Zwischenraums entzifferbar.

Der folgende Satz gibt nun ein *Irreduzibilitätskriterium* für Codes:

Satz 3: *a) Für einen irreduziblen Code* f *gilt die Kraftsche Ungleichung.* *b) Gilt für die* k *Codewortlängen* s_i *die Kraftsche Ungleichung, so kann man stets einen irreduziblen Code mit diesen Codewortlängen finden.*

Beweis: **a)** Gegeben sei ein irreduzibler Code mit den s_i als Codewortlängen; dann ist zu zeigen, daß die Kraftsche Ungleichung erfüllt ist. In dieser Richtung ist der Satz wegen Satz 1 natürlich ein Sonderfall des Satzes 2 und entsprechend einfach zu beweisen; aus Gründen der Vollständigkeit soll der Beweis aber dennoch aufgeschrieben werden. Sei wieder $K = \max(s_i)$. Der Codierbaum des gegebenen irreduziblen Codes f hat dann genau K Verzweigungsstufen, er besitzt damit l^K Endzweige. Vom (End-)Zweig des Codewortes für a_i gehen baumaufwärts noch $K - s_i$ Stufen aus, die auf l^{K-s_i} Endzweige führen. Wegen der Irreduzibilität von f stammen diese Endzweige nur vom Codewort für a_i ab. Alle k Buchstaben a_i liefern deshalb schließlich

$$\sum_{i=1}^{k} l^{K-s_i}$$

Endzweige, d.h. es gilt

$$\sum_{i=1}^{k} l^{K-s_i} \leqslant l^K$$

und das ist die Behauptung.

b) Gegeben sei ein Code mit den Codewortlängen s_i; dann ist zu zeigen, daß aus der Gültigkeit der Kraftschen Ungleichung folgt, daß ein irreduzibler Code mit den gegebenen Codewortlängen existiert.

Die s_i seien o.B.d.A. der Größe nach geordnet

$$1 \leqslant s_1 \leqslant s_2 \leqslant \ldots \leqslant s_n = K, \quad n \leqslant K.$$

Die c_j sollen die gleiche Bedeutung wie im Beweis von Satz 2 haben; es gilt dann wieder

$$\sum_{i=1}^{k} l^{-s_i} = \sum_{j=1}^{K} c_j l^{-j} \leqslant 1.$$

Man nimmt einen Codierbaum mit K Verzweigungsstufen; jedem Original a_i ist unter Beachtung der gegebenen Codewortlänge s_i und der geforderten Irreduzibilität ein Zweig des Baumes zuzuordnen.

Die c_1 Codewörter der Länge $s_i = 1$ besetzen c_1 Zweige; es bleiben $l - c_1$ Zweige frei als Eingänge für die zweite Verzweigungsstufe, weil der Code irreduzibel sein muß. Der Fall $c_1 = l$ zieht notwendigerweise (wegen der Kraftschen Ungleichung) $K = 1$ nach sich; der Code sieht dann z.B. so aus:

$$k = l \quad \text{und} \quad f(a_i) = b_i; \quad i = 1, 2, \ldots, k.$$

Im Fall $K > 1$ $(c_1 < l)$ wird der Codierbaum nun induktiv fortgesetzt. Man betrachtet die m-te Verzweigungsstufe $(2 \leqslant m \leqslant K)$; Annahme: von der $(m-1)$-ten Stufe her sind noch

$$l^{m-1} - \sum_{j=1}^{m-1} l^{m-1-j} c_j$$

Zweige frei geblieben als Eingänge für die Äste der m-ten Verzweigungsstufe. Jedem Verzweigungspunkt der m-ten Stufe entspringen l neue Zweige. Von den insgesamt

$$l^m - \sum_{j=1}^{m-1} l^{m-j} c_j$$

neuen Zweigen werden aber c_m Zweige durch die c_m Codewörter der Länge $s_i = m$ benötigt; es bleiben also noch

$$l^m - \sum_{j=1}^{m-1} l^{m-j} c_j - c_m = l^m - \sum_{j=1}^{m} l^{m-j} c_j$$

Zweige frei. Diese sind im Falle $m < K$ die Eingänge für die Verzweigungen der $(m+1)$-ten Stufe. — Für jedes $m < K$ bleibt immer eine positive Zahl von Zweigen frei für die Weiterführung der Codierbaumkonstruktion; man sieht das so:

$$l^m - \sum_{j=1}^{m} l^{m-j} c_j = l^m \left(1 - \sum_{j=1}^{m} l^{-j} c_j \right)$$

$$= l^m \left(1 - \sum_{j=1}^{K} l^{-j} c_j + \sum_{j=m+1}^{K} l^{-j} c_j \right)$$

$$\geqslant l^m \sum_{j=m+1}^{K} l^{-j} c_j \geqslant l^m \, l^{-K} c_K > 0.$$

Zum Schluß (für $m = K$) bleibt eine nichtnegative Zahl von unbenutzten Endzweigen übrig; es gilt nämlich:

$$l^K - \sum_{j=1}^{K} l^{K-j} c_j = l^K \left(1 - \sum_{j=1}^{K} l^{-j} c_j \right) \geqslant 0. \quad \blacksquare$$

Bemerkung 1: Da jeder irreduzible Code auch entzifferbar ist (Satz 1), kann die zweite Aussage des vorhergehenden Satzes auch so ausgedrückt werden: Es kann stets ein entzifferbarer Code mit vorgegebenen Codewortlängen gefunden werden, wenn diese der Kraftschen Ungleichung genügen. Diese Aussage ist die Umkehrung von Satz 2. $\blacksquare$

Beispiel 4: (*Schultze* (1969)) Gegeben seien:

$$A = \{ a_1, a_2, a_3 \}; \quad B = \{ 0, 1 \}$$

und die Codewortlänge $s_1 = 1$, $s_2 = 2$, $s_3 = 3$. Die Kraftsche Ungleichung ist wegen

$$1/2 + 1/4 + 1/8 = 7/8 < 1$$

erfüllt. Der Code f mit

$$f(a_1) = 0, \quad f(a_2) = 10, \quad f(a_3) = 110$$

ist irreduzibel und damit entzifferbar.

Man kann sich nun dem durch die beiden Fragen im Anschluß an das Beispiel 1 dieses Abschnittes aufgezeigten Problemkreis zuwenden. Es sollen zunächst Abschätzungen für die mittlere Codewortlänge angegeben werden. — Man benötigt noch das

Lemma 1 : *Für* $x > 0$ *gilt:*

$$\log_a x \leq (x - 1) \log_a e.$$

Das Gleichheitszeichen steht nur für $x = 1$.

Beweis:

$$y = (x - 1) \log_a e$$

ist die Gleichung der Tangente an die Kurve

$$y = \log_a x$$

im Punkte $x = 1$. Da der Graph des Logarithmus von unten konvex ist, liegt $\log_a x$ mit Ausnahme des Punktes $x = 1$ ganz unterhalb der Tangente. ∎

Die Entropie der gegebenen Quelle [1]) [A, q] ist

$$H(A) = - \sum_{i=1}^{k} p_i \log_l p_i \; ;$$

dabei wurde zu einer durch die Wahl des Logarithmus zur Basis l bestimmten Maßeinheit übergegangen — l ist ja die Anzahl der Buchstaben des Bildalphabets. Dann gilt der

Satz 4 : *Die mittlere Codewortlänge* s *einer entzifferbaren Codierung* f *genügt der Ungleichung*

$$H(A) \leq s.$$

Beweis: Sei

$$s_i = l(f(a_i)); \quad i = 1, 2, \ldots, k$$

und ferner

$$q_i = l^{-s_i},$$

also $s_i = - \log_l q_i$ (es ist $q_i \neq 0 \; \forall \; i$). Dann ist

$$H(A) - s = - \sum_{i=1}^{k} p_i \log_l p_i - \sum_{i=1}^{k} p_i s_i$$

$$= - \sum_{i=1}^{k} p_i (\log_l p_i - \log_l q_i)$$

$$= \sum_{i=1}^{k} p_i \log_l q_i / p_i \; .$$

---

[1]) Die Entropie der Quelle ist wegen der Unabhängigkeit der a_i identisch mit der Entropie des [A, q] beschreibenden endlichen Wahrscheinlichkeitsraumes; der allgemeine Begriff der Entropie einer Quelle (die ein Gedächtnis haben kann) wird erst im Abschnitt 2.3 deutlich.

Sollte $p_j = 0$ sein für ein j, so tritt dieser Term in der vorstehenden Summe gar nicht auf. Die Anwendung von Lemma 1 auf jeden Term der Summe liefert

$$H(A) - s \leqslant \sum_{i=1}^{k} p_i (q_i/p_i - 1) \log_l e$$

$$= \left(\sum_{i=1}^{k} q_i - \sum_{i=1}^{k} p_i \right) \log_l e$$

$$= \left(\sum_{i=1}^{k} l^{-s_i} - 1 \right) \log_l e .$$

Für eine entzifferbare Codierung f gilt die Kraftsche Ungleichung (Satz 2); also ist

$$H(A) - s \leqslant 0. \quad \blacksquare$$

Bemerkung 2: Das Gleichheitszeichen gilt in der letzten Ungleichung genau dann, wenn

$$p_i = l^{-s_i}$$

ist. — Das sieht man so:
Aus Lemma 1 folgt, daß das Gleichheitszeichen nur für $x = q_i/p_i = 1$ steht; d.h. aber nach Definition von q_i: $p_i = l^{-s_i}$. $\blacksquare$

Beispiel 5: Der Fall des Gleichheitszeichens liegt vor beim Code 2 des Beispiels 1. Es ist ja $p_i = 2^{-s_i}$ und $H(A) = s = 2,75$.

Da die Codewortlängen beliebig groß gemacht werden können, kann offenbar keine obere Schranke für die mittlere Codewortlänge existieren. Eine solche obere Schranke existiert jedoch für die kleinste mittlere Codewortlänge $s = s_{min}$:

Satz 5: *Für jede Quelle* [A, q] *existiert ein entzifferbarer Code, für dessen mittlere Codewortlänge die Abschätzung*

$$s < H(A) + 1$$

gilt.

Beweis: Mit [A, q] und dem Bildalphabet B (Umfang l) sind auch die Zahlen $\log_l p_i$ (i = 1, 2, ... , k) gegeben; man bestimmt ganze Zahlen s_i, für die

$$-\log_l p_i \leqslant s_i < -\log_l p_i + 1$$

gilt. Buchstaben a_j mit $q(a_j) = p_j = 0$ bleiben natürlich unberücksichtigt, denn für sie ist kein Codewort erforderlich. Dann folgt:

$$-s_i \leqslant \log_l p_i, \quad l^{-s_i} \leqslant p_i$$

$$\sum_{i=1}^{k} l^{-s_i} \leqslant \sum_{i=1}^{k} p_i = 1.$$

Die Kraftsche Ungleichung ist also erfüllt; nach Satz 3 existiert dann ein irreduzibler und damit entzifferbarer Code mit den s_i als Codewortlängen. Es gilt dann:

$$s_i < -\log_l p_i + 1, \quad p_i s_i \leqslant -p_i \log_l p_i + p_i .$$

Da nicht alle $p_i = 0$ sein können, muß für mindestens ein i sogar $p_i s_i < -p_i \log_l p_i + p_i$ gelten; es folgt dann

$$s = \sum_{i=1}^{k} p_i s_i < -\sum_{i=1}^{k} p_i \log_l p_i + \sum_{i=1}^{k} p_i = H(A) + 1 . \quad \blacksquare$$

Beispiel 6: (*Schultze* (1969)) Gegeben sei

$$A = \{a_1, \ldots, a_6\} ; \quad B = \{0, 1\}$$

und die in der folgenden Tabelle niedergelegte Codierung:

i	a_i	p_i	$-\log p_i$	s_i	$f(a_i)$
1	a_1	1/3	1,585	2	00
2	a_2	1/6	2,585	3	010
3	a_3	1/6	2,585	3	011
4	a_4	1/9	3,170	4	1000
5	a_5	1/9	3,170	4	1001
6	a_6	1/9	3,170	4	1010

Für die Quelle $[A, q]$ gilt

$$H(A) = -\sum_{i=1}^{6} p_i \log p_i = 2{,}447 .$$

Es ist

$$s = \sum_{i=1}^{6} p_i s_i = 3 < H(A) + 1 = 3{,}447 .$$

Die letzten Begriffsbildungen führen unmittelbar zur

Definition 3: *Ein entzifferbarer Code heißt optimal, wenn kein anderer entzifferbarer Code eine kleinere mittlere Wortlänge besitzt.*

Bemerkung 3: Für einen optimalen Code gilt offenbar

$$H(A) \leqslant s < H(A) + 1 .$$

In der linken Ungleichung steht das Gleichheitszeichen genau dann, wenn $p_i = l^{-s_i}$ ist. $\blacksquare$

Bemerkung 4: Es sei noch einmal darauf hingewiesen, daß bei der Berechnung der Entropie $H(A)$ ein Logarithmensystem mit der Basis l (= Umfang des Bildalphabets B) zugrunde gelegt wurde. Will man die Entropie in „bit" messen, so hat man ein Logarithmensystem mit der Basis 2 zu wählen; die Ungleichung aus Bemerkung 3 geht dann über in:

$$\log_2 l \cdot H(A) \leqslant s < \log_2 l \cdot H(A) + 1 . \quad \blacksquare$$

Der nächste Problemkreis ist jetzt naheliegend: es ist die Frage nach der Konstruktion
von optimalen Codes im Sinne der Definition 3, also nach Codes, die es gestatten, Nachrichten mit möglichst geringem Aufwand zu übertragen. Man beantwortet damit die zweite
Frage, die im Anschluß an das Beispiel 1 dieses Abschnittes gestellt wurde.

Es sollen hier — wenn auch sehr knapp und ohne Beweise — drei Codierungsmethoden
beschrieben werden.

1. Codierung nach Shannon:

Die zu codierenden Buchstaben a_i mit den Wahrscheinlichkeiten p_i werden nach fallenden
Wahrscheinlichkeiten geordnet

$$p_1 \geqslant p_2 \geqslant \ldots \geqslant p_k$$
$$a_1 \qquad a_2 \qquad\qquad a_k .$$

Man bestimmt die Codewortlänge s_i aus der Bedingung

$$s_i - 1 < -\log_l p_i \leqslant s_i < -\log_l p_i + 1$$

(vgl. Beweis von Satz 5); dann gilt offenbar

$$l^{-s_i} \leqslant p_i < l^{-(s_i-1)} .$$

Entwickelt man den Ausdruck

$$F_i = \sum_{j=1}^{i-1} p_j < 1$$

als Zahl eines Zahlensystems mit der Basis [1]) l, so folgt

$$F_i = b_1^i \cdot l^{-1} + b_2^i \cdot l^{-2} + b_3^i \cdot l^{-3} + \ldots .$$

Die Entwicklung wird bis zu s_i Stellen durchgeführt; die für F_i erhaltene Folge

$$b_1^i b_2^i \ldots b_{s_i}^i$$

wird dann als Codewort für den Buchstaben a_i gewählt. Dieser Code genügt offenbar der
in Bemerkung 3 angegebenen Ungleichung.

2. Codierung nach Huffman:

(Konstruktion eines optimalen Codes; beschrieben für einen Binärcode.)
Man ordnet die zu codierenden Buchstaben wieder nach fallenden Wahrscheinlichkeiten.
Die letzten zwei Buchstaben, die also die niedrigsten Wahrscheinlichkeiten besitzen, wer-
den zu den zwei Endpunkten einer Verzweigungsstufe des Codierbaums. Der von diesem
Verzweigungspunkt baumabwärts führende Zweig wird mit der Summe aus den zwei klein-
sten Wahrscheinlichkeiten behaftet. Diese Summe wird als Wahrscheinlichkeit eines neuen
Buchstabens betrachtet, der an die Stelle der letzten zwei Buchstaben tritt.

---

[1]) Die l Buchstaben des Alphabets B werden natürlich hier eineindeutig den Zahlen $0, 1, 2, \ldots, l-1$
zugeordnet.

Damit hat man eine neue Quelle; ihr Alphabet enthält jetzt $k - 1$ Buchstaben. Mit dieser Quelle wird das Verfahren fortgesetzt; es endet natürlich nach endlich vielen Schritten — die Zahl der Schritte ist identisch mit der Zahl der Verzweigungsstufen des Codierbaumes.

Beispiel 7: (*Schultze* (1969)) Gegeben sei die Quelle

$$[A, q] = \begin{pmatrix} 1 & 2 & 3 & 4 & 5 & 6 & 7 \\ 0{,}3 & 0{,}2 & 0{,}2 & 0{,}1 & 0{,}1 & 0{,}05 & 0{,}05 \end{pmatrix}$$

und das Bildalphabet $\{B = 0, 1\}$.
Die Codierung nach *Huffman* liefert dann, wie nicht im einzelnen gezeigt werden soll:

i	f(i)	s_i
1	00	2
2	10	2
3	11	2
4	011	3
5	0100	4
6	01010	5
7	01011	5

Es ist:

$H(A) = 2{,}546$ bit

$s = 2{,}6$.

Das beschriebene Codierungsverfahren führt offenbar auf einen irreduziblen Code. Daß dieser Code optimal ist, soll hier nicht gezeigt werden (vgl. *Huffman* (1952)).

3. Codierung nach Fano:

Auch hier handelt es sich um einen sogenannten geordneten Code. Man ordnet die zu codierenden Buchstaben wieder nach fallenden Wahrscheinlichkeiten und teilt die Buchstabenmenge dann in l etwa gleichwahrscheinliche Gruppen. Den Buchstaben jeder Gruppe wird als erstes Codesymbol der Reihe nach jeweils einer der l verschiedenen Buchstaben b_j zugeordnet. Die Aufteilung wird entsprechend in jeder der l Gruppen fortgesetzt und den so erhaltenen Untergruppen in gleicher Weise ein zweiter Codebuchstabe zugeordnet, usw.. Das Verfahren endet, wenn jede Untergruppe nur noch l oder weniger Elemente enthält.

Beispiel 8: (*Fey* (1963)) Gegeben seien die Quelle

$$[A, q] = \begin{pmatrix} a & b & c & d \\ 1/2 & 1/4 & 1/8 & 1/8 \end{pmatrix}$$

und das Bildalphabet $B = \{0, 1\}$.

Das beschriebene Codierungsverfahren führt offensichtlich auf:

a_i	$f(a_i)$
a	0
b	10
c	110
d	111

Beispiel 9: (*Fey* (1963)) Gegeben seien die Quelle

$$[A, q] = \begin{pmatrix} a & b & c & d & e \\ 1/3 & 1/3 & 1/9 & 1/9 & 1/9 \end{pmatrix}$$

und das Bildalphabet $B = \{0, 1, 2\}$ (ternäre Codierung). Man erhält:

a_i	$f(a_i)$
a	0
b	1
c	20
d	21
e	22

Die Fano-Codes sind offenbar irreduzibel.

Näheres über diese Codierungen, auch über die technische Durchführung, findet man bei *Fey* (1963) oder bei *Denis-Papin/Cullmann* (1971).

Bisher wurden in diesem Abschnitt Codes betrachtet, deren Originale Wörter der Länge 1, also die Buchstaben der gegebenen Quelle sind. Diese Voraussetzung soll jetzt fallengelassen werden: man betrachtet nun Wortcodes (vgl. Definition 1.2; 3), also Codes, bei denen die Originale Wörter fester Länge $n \geqslant 1$ über dem Quellenalphabet A sind. Der Zweck dieser Wortcodierung ist die möglichst gute Approximation der unteren Schranke H(A) für die mittlere Codewortlänge s, bezogen auf die ursprüngliche Buchstabencodierung.

Zunächst soll ein einführendes Beispiel betrachtet werden:

Beispiel 10: (*Schultze* (1969)) Gegeben seien die Quelle

$$[A, q] = \begin{pmatrix} a_1 & a_2 \\ 4/5 & 1/5 \end{pmatrix}$$

und das Bildalphabet $B = \{0, 1\}$.
Für die Entropie der gegebenen Quelle erhält man

$$H(A) = 0{,}722 \text{ bit}.$$

Der Code f mit

$$f(a_1) = 0; \quad f(a_2) = 1; \quad s_1 = 1, \ s_2 = 1, \ s = 1$$

ist offensichtlich optimal. Die Differenz $s - H(A)$ ist relativ groß; man sucht jetzt nach Wegen, diese Differenz möglichst klein zu machen. Man ordnet nun nicht mehr jedem einzelnen Buchstaben ein Codewort zu, sondern einem Paar von Buchstaben, einem Wort der Länge 2. Es gibt vier solcher Wörter:

$$a_1 a_1, \ a_1 a_2, \ a_2 a_1, \ a_2 a_2.$$

Die Wahrscheinlichkeit des Auftretens des Wortes $a_i a_k$ ist wegen der Unabhängigkeit der Quellenbuchstaben gleich

$$p_{ik} = p_i p_k.$$

Man wählt nun etwa die Codierung

$a_i a_k$	p_{ik}	Codewort	s_{ik}
$a_1 a_1$	16/25	0	1
$a_1 a_2$	4/25	10	2
$a_2 a_1$	4/25	110	3
$a_2 a_2$	1/25	111	3

Faßt man die vier Paare $a_i a_k$ als Buchstaben einer neuen Quelle

$$[A, q] \times [A, q]$$

auf und codiert dann diese Quelle, so erhält man für die mittlere Codewortlänge

$$s' = \sum_{i, k} p_{ik}\, s_{ik} = 1{,}56\,.$$

Für die ursprüngliche Quelle ergibt die letzte Codierung eine mittlere Codewortlänge von

$$s = \frac{1}{2}\, s' = 0{,}78\,.$$

Gegenüber der ersten Codierung hat man eine erheblich kleinere mittlere Codewortlänge erreicht und damit den Übertragungsaufwand vermindert.

Die Durchführung der Wortcodierung für den allgemeinen Fall ist nun offensichtlich:
Man faßt eine gegebene Nachricht $\underline{x}$ der Quelle $[A, q]$ als Folge von Wörtern der Länge n auf:

$$\underline{x} = \ldots\, x_{t+1} \,\ldots\, x_{t+n} x_{t+n+1} \,\ldots\, x_{t+2n} \,\ldots\,.$$

Es gilt (s. S. 19)

$$q(x_{t+1} \,\ldots\, x_{t+n}) = \prod_{i=1}^{n} q(x_{t+i})$$

mit

$$q(x_{t+i}) \in \{p_1, \ldots, p_k\}\,.$$

Für das Alphabet A mit dem Umfang k gibt es genau k^n Wörter der Länge n; diese Wörter werden nun mit dem Code f codiert. Die Länge des dem Wort

$$a_{j_1} \,\ldots\, a_{j_n} \qquad (j_i \in \{1, \ldots, k\})$$

zugeordneten Codewortes sei $s_{j_1, \ldots, j_n}$.

Die mittlere Codewortlänge bei der Codierung f ist dann

$$s^{(n)} = \sum_{j_1 = 1}^{k} \,\ldots\, \sum_{j_n = 1}^{k} \prod_{i=1}^{n} q(a_{j_i})\, s_{j_1, \ldots, j_n}\,.$$

Dieser Ausdruck bezieht sich auf die Wortcodierung; bezogen auf eine ‚Codierung‘ eines Buchstabens der Quelle hat man als mittlere Wortlänge

$$s = \frac{1}{n}\, s^{(n)}\,.$$

Man faßt jetzt die *Wörter der Länge* n *als Buchstaben der Produkt- oder Wortquelle*

$$\underset{i=1}{\overset{n}{\times}} \ [A, q] = [A^n, q^n]$$

auf. Die Abschätzungen für die mittlere Codewortlänge sollen analog zu den Sätzen 4 und 5 für die Wortquelle $[A^n, q^n]$ durchgeführt werden. Man benötigt dazu noch das

Lemma 2: *(Vgl. Henze/Homuth (1970)) Gegeben seien die beiden unabhängigen Quellen* $[A', q']$ *und* $[A'', q'']$. *Dann gilt für die Entropie des kartesischen Produkts* $[A', q'] \times [A'', q'']$:

$$H(A' \times A''] = H(A') + H(A'').$$

Beweis: Es ist

$$H(A' \times A'') = -\sum_{i, j} p_{ij} \log p_{ij} = -\sum_{i, j} p_i' p_j'' \log p_i' p_j''$$

$$H(A' \times A'') = -\left(\sum_j p_j''\right) \sum_i p_i' \log p_i' - \left(\sum_i p_i'\right) \sum_j p_j'' \log p_j''$$

$$= H(A') + H(A'').\ \blacksquare$$

Satz 6: *Gegeben sei die Quelle* $[A, q]$ *mit der Entropie* $H(A)$. f *sei eine entzifferbare Codierung der Wortquelle*

$$[A^n, q^n] = \underset{i=1}{\overset{n}{\times}} \ [A, q].$$

Dann gilt mit den obigen Bezeichnungen:

$$H(A) \leqslant s$$

(also die gleiche Beziehung wie in Satz 4).

Beweis: Es gilt nach Satz 4:

$$H\left(\underset{i=1}{\overset{n}{\times}} A\right) \leqslant s^{(n)}.$$

Da die n Quellen $[A, q]$ voneinander unabhängig sind, gilt nach Lemma 2:

$$n\,H(A) \leqslant s^{(n)} = n \cdot s.\ \blacksquare$$

Die untere Schranke für die kleinste mittlere Codewortlänge (bezogen auf die ‚Buchstabenquelle‘) läßt sich also nicht erniedrigen, wohl aber die obere Schranke, wie der folgende Satz zeigt.

Satz 7: *Unter den Voraussetzungen von Satz 6 gilt*

$$s < H(A) + 1/n.$$

Beweis: Nach Satz 5 ist

$$s^{(n)} < H\left(\overset{n}{\underset{i\,=\,1}{\times}} A \right) + 1$$

und daraus folgt unmittelbar die Behauptung. ∎

Die obere Schranke läßt sich also beliebig nahe an $H(A)$ heranrücken, falls man eine Codierung für hinreichend lange Wörter wählt.

2.2. Redundanz einer Quelle

Auch in diesem Abschnitt werden Quellen ohne Gedächtnis betrachtet, d.h. Quellen, die allein durch Angabe der Buchstaben a_i und der zugehörigen Wahrscheinlichkeiten $p_i = q(a_i)$ beschrieben sind. Im vorhergehenden Abschnitt wurde gezeigt, daß man durch Codierung hinreichend langer Wörter der Quelle $[A, q]$ die kleinste mittlere Codewortlänge s — bezogen auf die Buchstaben der gegebenen Quelle — beliebig nahe an die untere Schranke $H(A)$ rücken kann.

Das gibt Veranlassung, den Wertebereich der Entropiefunktion H für einen endlichen Wahrscheinlichkeitsraum zu untersuchen. In der Informationstheorie wird gezeigt (vgl. *Henze/Homuth* (1970)), daß die Entropie H im Falle der Gleichverteilung $p_i = 1/k$ ihr Maximum annimmt; es gilt dann trivialerweise

$$0 \leqslant H(A) \leqslant H_{max}(A) = \log_l k,$$

wobei l wieder der Umfang des Bildalphabets B ist. Man kann nun den Begriff der Redundanz (Weitschweifigkeit) einer Quelle erklären:

Definition 1: *Gegeben sei die Quelle*

$$[A, q] = \begin{pmatrix} a_1 & \cdots & a_k \\ p_1 & \cdots & p_k \end{pmatrix}.$$

Dann nennt man den Ausdruck

$$R = \log_l k - H(A)$$

Redundanz oder Informationsredundanz der Quelle.

Aufgabe der Codierung ist es, zur Minimisierung des Übertragungsaufwandes einen optimalen Code zu finden, d.h. durch Codierung hinreichend langer Wörter die Entropie $H(A)$ durch die mittlere Codewortlänge s möglichst gut zu approximieren. Man kann das auch so ausdrücken: das Ziel der Codierung ist die möglichst weitgehende Verringerung der

Redundanz, denn durch die Codierung f der Quelle [A, q] entsteht ja eine neue Quelle,
die *Bildquelle*

$$[B, q'] = \begin{pmatrix} b_1 & \cdots & b_l \\ p'_1 & \cdots & p'_l \end{pmatrix}$$

(diese Bildquelle ist i.a. nicht mehr eine Quelle ohne Gedächtnis — auf Quellen mit dieser
Struktur wird im nächsten Abschnitt näher eingegangen), und man versucht so zu codieren, daß diese Bildquelle [B, q'] möglichst redundanzfrei wird, d.h. alle ihre Elementar-
ereignisse nahezu gleichwahrscheinlich werden.

Man nennt die Größe

$$r = R/\log_l k$$

auch *relative Redundanz*.

2.3. Bemerkungen über Quellen mit Gedächtnis

In diesem Abschnitt soll nun der allgemeine Fall einer stationären Quelle mit Gedächtnis
untersucht werden; die Quelle sei gegeben durch das Schema

$$[A, q] = \begin{pmatrix} a_1 & \cdots & a_k \\ p_1 & \cdots & p_k \end{pmatrix}.$$

Da aufeinanderfolgende Buchstaben jetzt i.a. nicht mehr unabhängig sind, ist die Gleichung

$$q(x_1 \ldots x_n) = \prod_{i=1}^{n} q(x_i)$$

nicht mehr richtig, d.h. das Wahrscheinlichkeitsmaß q ist nicht mehr allein durch Angabe
der p_i bestimmt. Eine stationäre Quelle (vgl. dazu auch *Henze/Homuth* (1970)) läßt sich
als stationärer oder zeitlich homogener *stochastischer Prozeß* beschreiben: Eine Nachricht

$$\underline{x} = \ldots x_{-1} x_0 x_1 x_2 \ldots$$

ist eine abzählbar-unendliche Folge von Realisierungen der zufälligen Variablen X (ein
angehängter Index t bedeutet die Realisierung zur Zeit t) mit den Eigenschaften

a) *Wertebereich von* X: Alphabet A

b) $P(X_{t+1} = a_{i_1}, \ldots, X_{t+n} = a_{i_n})$
   $= P(X_1 = a_{i_1}, \ldots, X_n = a_{i_n})$
   $= p_{i_1, \ldots, i_n} \quad \forall\, t, n \,\wedge\, \forall\, i_j = 1, \ldots, k.$

   (*Stationarität der Quelle*)

Falls für eine Quelle [A, q] zur Festlegung der Funktion q für ein n die Angabe aller
k^n Wahrscheinlichkeiten $p_{i_1, \ldots, i_n}$ genügt, so sagt man, falls $n \geqslant 1$ die kleinste Zahl

mit dieser Eigenschaft ist: die Quelle hat ein Gedächtnis der Länge $n - 1$ [1]). Bisher wurde der Fall $n = 1$ betrachtet, jetzt sollen Quellen mit einem Gedächtnis beliebiger, aber endlicher Länge behandelt werden.

Durch das Schema

$$\begin{pmatrix} a_1 & \dots & a_k \\ p_1 & \dots & p_k \end{pmatrix}$$

ist auch ein endlicher Wahrscheinlichkeitsraum bestimmt, seine Entropie ist (vgl. Abschnitt 1.2) erklärt durch

$$\bar{H} = - \sum_{i=1}^{k} p_i \log_l p_i .$$

Dieser Ausdruck ist jedoch im allgemeinen Fall nicht identisch mit der Entropie der Quelle $[A, q]$; zu diesem Begriff gelangt man in der folgenden Weise (vgl. *Henze/Homuth* (1970)): Durch A^n und $q(w_n)$ mit $w_n \in A^n$ (w_n steht in q natürlich wieder für den von w_n bestimmten Zylinder) ist ein endlicher Wahrscheinlichkeitsraum mit k^n Elementarereignissen gegeben [2]); seine Entropie ist

$$H \left(\underset{i=1}{\overset{n}{\times}} A \right) = H(A^n) = H_n = - \sum_{w_n \in A^n} q(w_n) \log_l q(w_n).$$

Im Falle der Existenz heißt dann der Grenzwert

$$H(A) = \lim_{n \to \infty} \frac{1}{n} H_n$$

Entropie der Quelle $[A, q]$. In *Henze/Homuth* (1970) wird gezeigt, daß der Ausdruck $H(A)$ für jede stationäre Quelle existiert. Für diesen Satz soll hier ein zweiter Beweis gegeben werden. Falls eine Quelle ohne Gedächtnis vorliegt, ist $H(A)$ nach Lemma 2.1; 2 offenbar mit $\bar{H}$ identisch.

Zur Durchführung des Beweises benötigt man noch einige Hilfsmittel: Gegeben seien zwei endliche Wahrscheinlichkeitsräume

$$A' := \begin{pmatrix} a_1' & \dots & a_k' \\ p_1' & \dots & p_k' \end{pmatrix} \quad \text{und} \quad A'' := \begin{pmatrix} a_1'' & \dots & a_m'' \\ p_1'' & \dots & p_m'' \end{pmatrix},$$

die natürlich voneinander abhängig sein dürfen. Mit

$$P(a_j'' \mid a_i') = p_{ij} ,$$

$$\sum_{j=1}^{m} p_{ij} = 1 \quad \forall \; i$$

---

[1]) oder die Quelle hat die Ordnung n.

[2]) nämlich das Schema der Wortquelle $\underset{i=1}{\overset{n}{\times}} [A, q] = [A^n, q^n]$.

gilt

$$P(a_i' \cap a_j'') = P(a_i' a_j'') = p_i' p_{ij} \, .$$

Die Entropie des kartesischen Produktes der beiden Wahrscheinlichkeitsräume ist dann offensichtlich

$$H(A' \times A'') = - \sum_{i,\,j} p_i' p_{ij} \, (\log_l p_i' + \log_l p_{ij})$$

$$= - \sum_{i=1}^{k} p_i' \log_l p_i' \left(\sum_{j=1}^{m} p_{ij} \right) - \sum_{i=1}^{k} p_i' \left(\sum_{j=1}^{m} p_{ij} \log_l p_{ij} \right)$$

$$= H(A') + E_{A'} \left(- \sum_{j=1}^{m} p_{ij} \log_l p_{ij} \right) .$$

Der zweite Ausdruck ist ein Erwartungswert über den bedingten Informationsgehalt

$$H(A'' \,|\, a_i') = - \sum_{j=1}^{m} p_{ij} \log_l p_{ij} \, .$$

Der Erwartungswert selbst heißt bedingte Entropie:

$$H(A'' \,|\, A') = E_{A'} \, (H(A'' \,|\, a_i')) \, .$$

Es ist also:

$$H(A' \times A'') = H(A') + H(A'' \,|\, A') \, .$$

In *Henze/Homuth* (1970) wird unter Verwendung der Jensenschen Ungleichung gezeigt, daß stets

$$H(A'' \,|\, A') \leqslant H(A'')$$

ist, d.h. es gilt

$$H(A' \times A'') \leqslant H(A') + H(A'')$$

(im Falle unabhängiger Wahrscheinlichkeitsräume gilt das Gleichheitszeichen — vgl. Lemma 2.1; 2). Mit bedingten Entropien kann man — bei fester Bedingung — offensichtlich wie mit Entropien rechnen.

Lemma 1: *Es gilt für die der gegebenen Quelle* [A, q] *zugeordneten endlichen Wahrscheinlichkeitsräume der entsprechenden Wortquellen:*

$$H(A \,|\, A^{n+1}) \leqslant H(A \,|\, A^n), \ n \geqslant 0 \ \ (\textit{mit } H(A \,|\, A^0) = H(A)) \, .$$

Beweis: Es ist

$$H(A^{n+2}) = H(A^n \times A^2) = H(A^n) + H(A^2 \,|\, A^n)$$
$$= H(A^n) + H(A \,|\, A^n) + H(A \,|\, A \times A^n) \, ,$$

daher ist

$$H(A^2 \,|\, A^n) = H(A \,|\, A^n) + H(A \,|\, A^{n+1}) \, .$$

Andererseits gilt

$$H(A^2 \mid A^n) \leq 2\,H(A \mid A^n),$$

d.h. es ist

$$H(A \mid A^n) + H(A \mid A^{n+1}) \leq H(A \mid A^n) + H(A \mid A^n),$$

also

$$H(A \mid A^{n+1}) \leq H(A \mid A^n). \quad \blacksquare$$

Nun kann der angekündigte Existenzsatz bewiesen werden:

Satz 1: *Gegeben sei die stationäre Quelle* [A, q]. *Dann gilt für die Entropien* H_n *der mit den Produktquellen (Wortquellen)*

$$\underset{i\,=\,1}{\overset{n}{\times}} \; [A, q] = [A^n, q^n]$$

verbundenen endlichen Wahrscheinlichkeitsräume

$$\log_l k \geq H_1 \geq \frac{1}{2} H_2 \geq \ldots \geq \frac{1}{2} H_n \geq \ldots \geq 0.$$

Damit existiert die Entropie

$$H(A) = \lim_{n \to \infty} \frac{1}{n} H_n \geq 0$$

der gegebenen Quelle.

Beweis: Nach Definition der bedingten Entropie gilt

$$H(A^n) = H(A^{n-1} \times A) = H(A^{n-1}) + H(A \mid A^{n-1}).$$

Offensichtlich ist dann (mit $A = A^1$)

$$H(A^n) = H(A^1) + \sum_{j=2}^{n} H(A \mid A^{j-1}) = \sum_{j=1}^{n} H(A \mid A^{j-1}).$$

Man wendet Lemma 1 entsprechend mehrfach auf die Terme der letzten Summe an und erhält

$$H(A^n) \geq n\,H(A \mid A^{n-1})$$

und damit auch

$$(n-1)\,H(A \mid A^{n-2}) \leq H(A^{n-1}).$$

Aus

$$H(A^n) = H(A^{n-1}) + H(A \mid A^{n-1})$$

folgt wieder mit Lemma 1

$$H(A^n) \leq H(A^{n-1}) + H(A \mid A^{n-2})$$
$$\leq H(A^{n-1}) + \frac{1}{n-1} H(A^{n-1}) = \frac{n}{n-1} H(A^{n-1}).$$

Es gilt also:

$$\frac{1}{n} H_n \leqslant \frac{1}{n-1} H_{n-1} . \quad \blacksquare$$

Man betrachtet jetzt wieder Codierungen des Quellenalphabets A, und zwar soll wie im Abschnitt 2.1 die Wortquelle $[A^n, q^n]$ codiert werden, d.h. Wörter der Länge n. Man erhält dann die mittlere Codewortlänge $s^{(n)}$; bezogen auf die ‚Codierung' der ursprünglichen Quelle hat man die mittlere Codewortlänge $s = \frac{1}{n} s^{(n)}$. Die Quelle wird natürlich als stationär vorausgesetzt; d.h. die Entropie $H(A)$ soll existieren. Die Sätze 2.1;6 und 2.1;7 werden dann auf den Fall, daß eine Quelle mit Gedächtnis vorliegt, ausgedehnt. Die Codierung der Quelle $[A^n, q^n]$ erfolgt nach den im Abschnitt 2.1 geschilderten Verfahren, d.h. es gilt bei einer entzifferbaren Codierung für die kleinste mittlere Codewortlänge

$$H_n \leqslant s^{(n)} < H_n + 1 .$$

Satz 2: *Es ist*

$$H(A) \leqslant s .$$

Beweis: Aus

$$H_n \leqslant s^{(n)} = n s$$

folgt mit Satz 1 unmittelbar die Behauptung. $\blacksquare$

Satz 3: *Für jedes $\epsilon > 0$ existiert eine Zahl $N = N(\epsilon)$ so, daß für die optimale entzifferbare Codierung der Wortquelle $[A^n, q^n]$ für alle $n > N$*

$$s - H(A) < \epsilon$$

gilt.

Beweis: Es ist

$$s^{(n)} < H_n + 1 .$$

Nach Definition von $H(A)$ existiert eine Zahl $N_1 = N_1(\epsilon)$ so, daß für alle $n > N_1$

$$\frac{1}{n} H_n - H(A) < \frac{\epsilon}{2}$$

wird. Man wählt

$$N = \max \left(N_1, \frac{2}{\epsilon} \right) ,$$

damit ist dann für alle $n > N = N(\epsilon)$:

$$s - H(A) = \frac{1}{n} s^{(n)} - H(A) < \frac{1}{n} H_n - H(A) + \frac{1}{n} < \frac{\epsilon}{2} + \frac{\epsilon}{2} = \epsilon . \quad \blacksquare$$

Bemerkung 1: Die praktische Bedeutung der Sätze 2 und 3 ist die gleiche wie die der Sätze 2.1; 6 und 2.1; 7: man kann auch im Fall einer Quelle mit Gedächtnis durch Codierung hinreichend langer Wörter die kleinste mittlere Codewortlänge (bezogen auf die gegebene Quelle) beliebig nahe an die Entropie der gegebenen Quelle heranrücken. ■

In der Definition 2.2; 1 wurde der Begriff der Redundanz einer Quelle ohne Gedächtnis erklärt. Durch den gleichen Ausdruck

$$R = \log_l k - H(A)$$

definiert man nun auch die Redundanz für eine stationäre Quelle mit Gedächtnis. Als Ziel der Codierung wurde im Abschnitt 2.2 die möglichst weitgehende Verringerung der Redundanz der Bildquelle $[B, q']$ genannt. Mit der Quelle $[A, q]$ ist selbstverständlich auch die Bildquelle $[B, q']$ stationär, d.h. ihre Entropie $H(B)$ existiert. Als ‚Codierung' der Bildquelle wählt man dann die identische Abbildung $f(b_j) = b_j$; die Redundanz der Bildquelle ist

$$R_B = \log_l l - H(B) = 1 - H(B).$$

Bemerkung 2: Durch den letzten Ausdruck ist die Redundanz der Bildquelle erklärt; da die Bildquelle letztlich durch den Code f bestimmt ist, kann man R_B auch als *Redundanz des Codes* bezeichnen. ■

Beispiele für die Abschätzung der Entropie und der Redundanz allgemeiner Quellen und zugeordneter Bildquellen findet man in der Literatur, z.B. bei *Fey* (1963), *Raisbeck* (1971) und *Schultze* (1969).

3. Einführung in kryptologische Probleme

Die *Kryptologie*, die Wissenschaft von den Geheimschriften, kann als Teilgebiet der Codierungstheorie aufgefaßt werden. Die verwendeten mathematischen Methoden ähneln z.T. den im Kapitel 2 benutzten, z.T. sind sie aber eigenständiger Art, d.h. sie werden in der Codierungstheorie nur hier verwendet. Die Methoden von Kapitel 4, der Theorie der Linearcodes, sind von den bisher und hier verwendeten im wesentlichen verschieden.

In der Kryptologie nennt man die Abbildungen, die bisher als Codes bezeichnet wurden, *Schlüssel* (vgl. aber auch Bemerkung 2); statt von codieren bzw. decodieren spricht man dann von *verschlüsseln* bzw. *entschlüsseln* (oder von chiffrieren bzw. dechiffrieren).
A und B seien wieder das Original- bzw. Bildalphabet. Ein Schlüssel f wird dann hier zunächst angesehen als Abbildung

$$f: A \longrightarrow B,$$

die gemäß Definition 1.2;1 auf Wörter über A zu erweitern ist. I.a. nimmt man sogar an, daß

$$A = B = \{a_1, \ldots, a_k\}$$

gilt und daß f eine eineindeutige Abbildung ist.

Der Entschlüssler (Decodierer), der f kennt, wird auch berufener Entzifferer genannt. Der Zweck der Verschlüsselung ist es, zu verhindern, daß ein unberufener Entzifferer eine Nachricht lesen, d.h. verstehen kann.

Zu verschlüsseln ist stets ein Text aus Buchstaben des Alphabets A (d.h. ein Wort über A). Benutzt man nun zur Verschlüsselung jedes Buchstabens die gleiche Abbildung f, so spricht man von einem festen Schlüssel, andernfalls liegt ein variabler Schlüssel vor, d.h. f enthält dann noch einen Parameter, z.B. die Zeit t (genauer: den Arbeitstakt t) oder f hängt vom zu verschlüsselnden Klartext ab. In Analogie zu den entsprechenden Begriffsbildungen in der Theorie der formalen Sprachen sollen feste und zeitabhängige variable Schlüssel auch *context-frei*, klartextabhängige variable Schlüssel auch *context-sensitiv* genannt werden (*Homuth* (1971)).

Man nimmt z.B. an, daß es sich bei dem Alphabet A = B um das Alphabet der natürlichen Sprache handelt:

$$A = \{a, b, c, \ldots, z\}$$

(man kann ggf. auch noch die Satzzeichen hinzunehmen). Der Verschlüssler stellt mit Hilfe eines festen Schlüssels f oder eines variablen Schlüssels f_t aus einem Klartext $x \in A^*$ einen Geheimtext $y \in B^* = A^*$ her, den der berufene Entzifferer (da er ja f bzw. f_t kennt) eindeutig entschlüsseln kann. Der unberufene Entzifferer versucht natürlich ebenfalls, den Geheimtext zu entschlüsseln; er benutzt dazu im Prinzip Probiermethoden, die natürlich von ihm zu einem ,sinnvollen Probieren' auszubauen sind. Aufgabe der Kryptologie ist es, Schlüssel anzugeben, die einen Klartext in einen (wie man sagt) möglichst ,grauen' Geheimtext verwandeln, den ein unberufener Entzifferer dann schwer entschlüsseln kann.

Die Entwicklung von Entschlüsselungsverfahren für den unberufenen Entzifferer sowie die Untersuchung von Verschlüsselungsverfahren auf ihre Sicherheit gehören natürlich ebenfalls zur Aufgabe der Kryptologie.

Ein naheliegendes Vorgehen für den unberufenen Entzifferer ist der Versuch, für die Entschlüsselung, d.h. für die Durchführung der Abbildung f^{-1}, die unterschiedlichen Buchstabenhäufigkeiten der natürlichen Sprache auszunutzen. Für einen vorliegenden Geheimtext führt der unberufene Entzifferer dann eine Häufigkeitsanalyse der Buchstaben durch, um aufgrund der bekannten Buchstabenhäufigkeiten der natürlichen Sprache die Abbildung f^{-1} zu bestimmen. Natürlich ist dieses Verfahren nur bei eineindeutigem Schlüssel f und hinreichend langem Geheimtext $y \in B^*$ anwendbar.

Man versucht nicht nur Häufigkeiten von Buchstaben allein auszunutzen (Monogramm-Statistik), sondern auch Häufigkeiten von Buchstabenpaaren (Bigramm-Statistik) usw.; falls einzelne Wörter im Geheimtext erkennbar sind, kann man auch Häufigkeiten der Wortanfangs- und Wortendbuchstaben verwenden.

Tabellarische Zusammenstellungen von Mono- und Bigramm-Statistiken und Statistiken über Wortanfangs- und Wortendbuchstaben für natürliche Sprachen findet man an verschiedenen Stellen in der Literatur, z.B. bei *Sinkov* (1968) und *Zemanek* (1959).

Um den Geheimtext in einem technischen System übertragen oder speichern zu können, muß man ihn in der Regel noch nach einem der in den Kapiteln 2 und 4 beschriebenen Verfahren codieren. Bei modernen Chiffrierverfahren bemüht man sich natürlich, die beiden Abbildungen, nämlich den Schlüssel und den Code aufeinander abzustimmen und zusammenzufassen.

Im folgenden sollen hier einige einfache, feste oder auch variable Schlüssel untersucht werden. Das Originalalphabet A sei mit dem Bildalphabet B identisch:

$$A = B = \{a_1, a_2, \ldots, a_\alpha\}\;;\quad \text{Anz}(A) = |A| = \alpha.$$

Für die deutsche Sprache gilt z.B. $\alpha = 26$, wenn man auf Umlaute, Satzzeichen und natürlich auch auf Groß- und Kleinschreibung verzichtet. Zur einfacheren mathematischen Behandlung der Schlüssel ist es zweckmäßig, den Buchstaben des Alphabets A eineindeutig die natürlichen Zahlen

$$0, 1, \ldots, \alpha - 1$$

zuzuordnen. Sowohl Klar- als auch Geheimtext bestehen dann aus einer Folge von Zahlen; man setzt natürlich der Einfachheit halber dann auch

$$A = B = \{0, 1, \ldots, \alpha - 1\}$$

(die Elemente von A können also stehen für Zahlen selbst, für Buchstaben oder Satzzeichen). Da Verwechslungen nicht zu befürchten sind, werden die Elemente der so gegebenen Alphabete mitunter wieder Buchstaben genannt und auch mit a_i bzw. b_j bezeichnet.

Ein (eineindeutiger) Schlüssel f mit

$$f: A \longrightarrow B$$

bedeutet dann eine Permutation der α Buchstaben von A; es gibt offenbar α! solcher
Schlüssel, die A ein *Tauschalphabet* zuordnen. Eine Teilmenge dieser Schlüssel hat einen
historisch begründeten Namen:

Definition 1: *Ein Schlüssel* f *mit*

$$b = f(a) = na + k \pmod{\alpha}; \quad a, b, n, k \in A$$

heißt Tauschverfahren oder Caesar.

Man rechnet hier also im Restklassenring $A = Z_\alpha$ (vgl. *Hornfeck* (1973) oder auch die
Bemerkung 4.2; 2). Im Fall $n = 1$ (einfaches Tauschverfahren) bedeutet f: die Buchsta-
ben von A werden zyklisch um k Einheiten nach links verschoben, z.B. für $k = 3$ — von
Caesar verwendet:

    a b c ... x y z
    d e f ... a b c

Damit ist der Schlüssel in Tabellenform bestimmt; die erste Zeile ist das gegebene Alphabet, die zweite Zeile ist das Tauschalphabet. Solche Korrespondenzen lassen sich offensichtlich sehr einfach mit zwei entsprechend beschrifteten konzentrischen Kreisscheiben
angeben. Ein einfaches Tauschverfahren ist bekannt, falls die Zuordnung eines Original-
buchstabens zu einem Bildbuchstaben gegeben ist, denn damit ist auch k bestimmt. Man
kann ein einfaches Tauschverfahren also angeben durch die Schlüsselzahl k oder einen
Schlüsselbuchstaben, der dann $a = a_1$ (dem ersten Buchstaben des Alphabets A) zugeordnet ist; im Falle des ursprünglichen Caesars mit $k = 3$ ist d Schlüsselbuchstabe. Das legt
eine Verallgemeinerung nahe:

Definition 2: *Wird für jeden Buchstaben des zu verschlüsselnden Klartextes ein anderes
Tauschalphabet, gegeben durch den Schlüssel* f_m (m = 1, 2, 3, ...), *verwendet, so nennt
man die mit diesem variablen und context-freien Schlüssel durchgeführte Verschlüsselung
Spaltenverfahren (vgl. Rohrbach (1953)).*

Ein Spaltenverfahren kann eine Periode p besitzen, dann ist $f_{m+p} = f_m$ $\forall$ m, wobei
$p > 0$ die kleinste Zahl ist, für die das gilt. Falls alle f_m einfache Tauschverfahren sind,
kann das Spaltenverfahren dann durch Vorgabe eines Schlüsselwortes der Länge p vollständig beschrieben werden. Ein nichtperiodisches Spaltenverfahren kann im Falle einfacher Tauschverfahren durch einen Schlüsseltext gegeben sein, dessen Länge mindestens
gleich der des Klartextes ist. Werden in diesem Fall Schlüsselwort bzw. Schlüsseltext durch
eine Zahlenfolge $\{k_m\}$ aus $Z_\alpha = A$ gegeben — man nennt diese Folge auch Zahlenwurm —,
so heißt das Spaltenverfahren auch Additionsverfahren. Im periodischen Fall kann man
den Klartext in Zeilen der Länge p untereinander schreiben; man erhält dann p Spalten,
von denen die m-te mit f_m zu verschlüsseln ist.

Bei einem hinreichend langen, mit einem Tauschverfahren verschlüsselten Text hat ein unberufener Entzifferer offenbar große Chancen, das Verfahren zu lösen. Darunter versteht
man (vgl. *Rohrbach* (1953)) „die systematische und exakte Rekonstruktion des Verfahrens, durch die man in die Lage versetzt wird, sämtliche nach diesem Verfahren entstan-

denen Geheimtexte zu lesen". Bei einem Spaltenverfahren versagt natürlich die einfache Häufigkeitsanalyse.

Die Tausch- und Spaltenverfahren sollen hier noch etwas näher untersucht werden.

Im allgemeinen Fall ist das in Definition 1 gegebene Tauschverfahren

$$b = f(a) = na + k \pmod{\alpha}$$

nicht eineindeutig; z.B. tritt bei $\alpha = 26$ und $n = 2$ (und k beliebig) nur die Hälfte der Buchstaben des Alphabets B als Bilder auf. Es gilt:

Satz 1: f *sei ein Tauschverfahren.* f *ist genau dann eineindeutig, wenn* $(n, \alpha) = 1$ *gilt.*

Beweis: a) Sei $(n, \alpha) = 1$ und $0 \leqslant a_1 < a_2 < \alpha$; zu zeigen ist dann: $b_1 \neq b_2$. Annahme: $b_1 = b_2$, d.h.

$$na_1 + k \equiv na_2 + k \pmod{\alpha}$$
$$\Rightarrow na_2 - na_1 \equiv 0 \pmod{\alpha}$$
$$\Rightarrow n(a_2 - a_1) \equiv 0 \pmod{\alpha}.$$

Da α und n teilerfremd sind, muß dann gelten

$$a_2 - a_1 = \beta\alpha \quad \text{mit} \quad \beta \geqslant 0, \text{ganz};$$

es ist aber

$$a_2 - a_1 < \alpha - a_1 < \alpha,$$

und das ist ein Widerspruch.

b) Sei f eineindeutig und $0 \leqslant a_1 < a_2 < \alpha$, dann ist $b_1 \neq b_2$; zu zeigen ist $(n, \alpha) = 1$. Man zeigt, daß f im Falle $(n, \alpha) = \beta > 1$ für verschiedene Argumente a_1 und a_2 gleiches Bild haben kann:

$$b_1 = na_1 + k \pmod{\alpha}$$
$$b_2 = na_2 + k \pmod{\alpha}.$$

Es gilt $\alpha = \beta\beta'$ mit $0 < \beta' < \alpha$; wählt man nun a_1 und a_2 mit $a_2 - a_1 = \beta'$, so ist, da β ein Teiler von n ist:

$$n(a_2 - a_1) \equiv 0 \pmod{\alpha = \beta\beta'},$$

d.h. aber $b_1 = b_2$ im Widerspruch zur Voraussetzung. ∎

Bemerkung 1: Im Restklassenring bedeutet der bewiesene Satz doch, daß jedes $n \in Z_\alpha$ mit $(n, \alpha) = 1$ bezüglich der Multiplikation ein eindeutig bestimmtes Inverses $n^{-1} \in Z_\alpha$ mit $(n^{-1}, \alpha) = 1$ besitzt. Die Menge

$$S = \{n \mid n \in Z_\alpha \wedge (n, \alpha) = 1\}$$

bildet damit bezüglich der Multiplikation eine Gruppe, die sogenannte prime Restklassengruppe mod α; es gilt

$$|S| = \varphi(\alpha),$$

wobei φ die Eulersche Funktion ist (vgl. *Hornfeck* (1973)). ∎

Zur Lösung des allgemeinen Tauschverfahrens genügt offensichtlich nicht mehr die Kenntnis eines Schlüsselbuchstabens, d.h. die Kenntnis der Schlüsselzahl k, sondern man benötigt nun zwei Schlüsselparameter, nämlich n und k. Der unberufene Entzifferer versucht, da es sich ja um einen festen Schlüssel handelt, auch hier eine Häufigkeitsanalyse durchzuführen. Zur eindeutigen und richtigen Entschlüsselung genügt es für den unberufenen Entzifferer, zwei Schlüsselbuchstaben zu kennen.

Im allgemeinen lassen sich natürlich feste Schlüssel f nicht durch die ‚lineare Abbildung' des Tauschverfahrens beschreiben; die Angabe eines Tauschalphabets (also einer Permutation, d.h. einer eineindeutigen Abbildung f) kann dann mit einer Tabelle geschehen. In der Literatur heißt mitunter (z.B. bei *Rohrbach* (1953)) auch dieses allgemeine Verfahren Tauschverfahren. Auch hier verwendet der unberufene Entzifferer in der Regel eine Häufigkeitsanalyse.

Schreibt man unter das Originalalphabet (die Buchstaben seien wieder mit a, b, c, ... bezeichnet) alle Tauschalphabete, die sich mit n = 1 und k = 1, 2, ... , $\alpha - 1$ erzeugen lassen, so entsteht das sogenannte Vigenère-Quadrat, in dessen erster Zeile und

```
a b c ... x y z
b c d ... y z a
c d e ...
.
.
.
y z a ...     x
z a b ...     x y
```

in dessen erster Spalte das Originalalphabet A steht. Das Vigenère-Quadrat ist ein spezielles *lateinisches Quadrat*. Unter einem lateinischen Quadrat (LQ) versteht man ein $\alpha \times \alpha$-Schema aus Buchstaben des Alphabets A (mit $|A| = \alpha$), in dem in jeder Zeile und in jeder Spalte ein Tauschalphabet steht. Ein LQ heißt Standard-LQ, falls die erste Zeile und die erste Spalte die Elemente von A in der gleichen Anordnung enthalten (im Fall des Vigenère-Quadrats ist diese Anordnung sogar lexikographisch). Die Anzahl der zu einem α gehörenden LQ's ist unbekannt; die Anzahl der Standard-LQ's ist jedoch bis zu $\alpha = 6$ bekannt (und beträgt hier 9408). Das Vigenère-Quadrat kann man bei der Verschlüsselung mit einem periodischen Spaltenverfahren verwenden. Das wird an einem Beispiel erläutert:

Beispiel 1 : (*Sinkov* (1968)) Ein periodisches Spaltenverfahren sei gegeben durch das Schlüsselwort

$$symbol \ ; \ l \ (symbol) = p = 6$$

Die Schlüssel f_m sind also einfache Tauschverfahren. Unter das Klartextalphabet A schreibt man nacheinander die aus dem Vigenère-Quadrat ausgelesenen Tauschalphabete, deren erste Buchstaben jeweils die entsprechenden Buchstaben des Schlüsselwortes sind; so entsteht die Schlüsseltabelle

a	b	c	...	x	y	z
s	t	...		q	r	
y	z					
m	n					
b	c					
0	p					
l	m	...		j	k	

Mit der hier gegebenen Schlüsselfolge ist dann die Verschlüsselung in der schon beschriebenen Weise durchzuführen.

Das Spaltenverfahren ist ein einfaches Beispiel für einen zeitabhängigen, context-freien Schlüssel. Der unberufene Entzifferer versucht auch hier, das Verfahren durch Häufigkeitsanalyse zu lösen, wobei allerdings bei einem periodischen Spaltenverfahren als zusätzlicher Parameter die Schlüsselwortlänge p zu berücksichtigen ist (sie ist i.a. dem unberufenen Entzifferer natürlich ebenfalls nicht bekannt).

Bisher wurde stets vorausgesetzt, daß sowohl Argument als auch Bild des Schlüssels f Elemente der Alphabete A bzw. B sind. In Analogie zum zweiten Kapitel sollen jetzt allgemeinere Schlüssel f betrachtet werden:

$$f : A^n \longrightarrow B^n$$

(f ist sowohl Wort- als auch Blockcode, vgl. Definition 1.2; 3 und Definition 1.2; 4). Es gibt hier wesentlich mehr Möglichkeiten der Verschlüsselung, die Verfahren sind i.a. schwerer zu lösen und damit sicherer. Es gibt (falls wieder A = B ist mit $|A| = \alpha$) $(\alpha^n)!$ feste Schlüssel.

Ein solcher fester Schlüssel läßt sich für n = 2 durch eine geränderte $\alpha \times \alpha$-Matrix beschreiben:

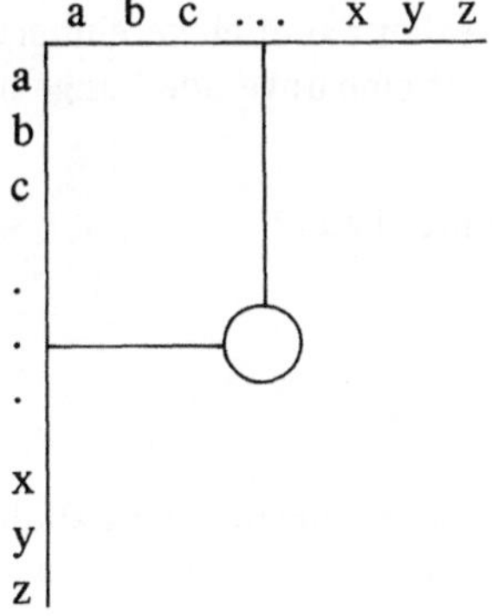

Verschlüsselt werden Bigramme (und zwar in Bigramme). Der erste Buchstabe des zu verschlüsselnden Paares stehe etwa in der oberen Randzeile, der zweite Buchstabe in der linken Randspalte. Das Bildpaar steht dann an der durch einen Kreis bezeichneten Stelle. Der berufene Entzifferer verwendet das entsprechend invertierte Schema.

Ein anderer und speziellerer Schlüssel f mit

$$f: \quad A^2 \longrightarrow B^2$$

geht auf *Playfair* (etwa Ende des 18. Jahrhunderts) zurück und soll in einem Beispiel beschrieben werden.

Beispiel 2: (Vgl. auch *Shannon* (1949), *Sinkov* (1968)) Gegeben sei ein Alphabet A mit 25 Buchstaben; in der deutschen Sprache identifiziert man hier z.B. j mit i. Ein Schlüssel f mit

$$f: \quad A^2 \longrightarrow B^2 = A^2$$

wird folgendermaßen beschrieben:

a) Die 25 Buchstaben von A werden willkürlich den 25 Feldern eines 5 x 5-Schemas zugeordnet, etwa so:

$$
\begin{array}{ccccc}
d & b & m & w & i \\
c & o & x & g & e \\
q & y & r & f & s \\
z & a & k & t & p \\
l & u & h & n & v
\end{array}
$$

b) Die Verschlüsselung von Buchstabenpaaren $a_1\, a_2$ in Paare $b_1\, b_2$ wird dann so durchgeführt:

1. Sind a_1 und a_2 die zwei diagonal gegenüberliegenden Ecken eines Rechtecks, dann sind b_1 und b_2 die anderen Ecken, wobei b_1 in der von a_1 bestimmten Zeile steht.
2. Falls a_1 und a_2 in der gleichen Zeile stehen, so sind b_1 und b_2 die Buchstaben, die unmittelbar rechts von a_1 bzw. a_2 stehen (die zweite Zeile folgt der ersten, usw. − die erste Zeile der fünften).
3. Falls a_1 und a_2 in der gleichen Spalte stehen, so sind b_1 und b_2 die Buchstaben, die unmittelbar unter a_1 bzw. a_2 stehen (die zweite Spalte folgt der ersten, usw. − die erste Spalte der fünften).
4. Falls $a_1 = a_2$ ist, ersetzt man a_2 durch einen beliebigen (aber natürlich vereinbarten) Buchstaben, z.B. durch x; falls der zu verschlüsselnde Text eine ungerade Länge hat, fügt man noch einen beliebigen Buchstaben an.

Nach diesem Verfahren sieht mit dem Schema a) der Geheimtext zu

>   technische universitaet

so aus:

>   pgxlvwqevxhvedxspepkgp .

Es gibt offenbar (mit $\alpha = 25$) α! Playfair-Schlüssel, während es im allgemeinen Fall der eineindeutigen Bigrammverschlüsselung (α^2)! Schlüssel gibt.

Das folgende, als ‚lineare Transformation' bezeichnete Verschlüsselungsverfahren geht zurück auf *Hill* (1929). Man rechnet wieder im Restklassenring Z_α = A ; man verschlüsselt mit der Abbildung f = M Wörter der Länge n über A in Wörter der Länge n über B = A. Der Schlüssel M wird gegeben durch die n x n-Matrix

$$M = (m_{ij}); \quad m_{ij} \in Z_\alpha ; \quad i, j = 1, \dots, n$$

(d.h. durch n^2 Schlüsselzahlen). Zu einem gegebenen Klartextwort

$$a_1 a_2 \dots a_n \in A^n$$

bestimmt man das Geheimtextwort

$$b_1 b_2 \dots b_n \in B^n = A^n$$

nach

$$b_i = \sum_{j=1}^{n} m_{ij} a_j \pmod{\alpha}; \quad i = 1, 2, \dots, n.$$

Über die Umkehrbarkeit des Hill-Schlüssels gilt der

Satz 2: *Der Schlüssel* f = M *ist genau dann eineindeutig, wenn* $(\det(M), \alpha) = 1$ *ist.*

Beweis: Der Satz folgt unmittelbar aus Satz 1 bzw. Bemerkung 1 (bei Benutzung der Cramerschen Regel) – vgl. auch *Hill* (1929, 1931). ∎

Falls α eine Primzahl ist, ist Z_α ein Körper (vgl. *Hornfeck* (1973)); der Schlüssel ist dann bei jeder nichtsingulären Schlüsselmatrix eineindeutig. – Gegebenenfalls kann man durch Weglassen von wenigwahrscheinlichen Buchstaben oder (vielleicht besser) durch Hinzufügen von weiteren Buchstaben zu A erreichen, daß α = IAI Primzahl wird.

Beispiel 3: Binärcodierte Nachrichten lassen sich i.a. in technischen Systemen besonders leicht übertragen oder speichern. Oft werden Kombinationen von fünf Binärzeichen verwendet (5-Kanal); man kann damit 2^5 = 32 Buchstaben eineindeutig codieren. Läßt man etwa ooooo als Codewort nicht zu, so hat man 31 Codewörter zur Verfügung, um ein Alphabet A (mit I A I = α = 31) eineindeutig binär zu codieren. A kann aus den Buchstaben einer natürlichen Sprache und besonderen Symbolen, z.B. Satzzeichen, Wortzwischenraum o.ä. bestehen.

Der Bigramm-, der Playfair- und der Hill-Schlüssel, also die zuletzt beschriebenen Schlüssel f mit

$$f: A^n \longrightarrow B^n$$

sind offensichtlich context-sensitiv, bezogen auf die Verschlüsselung einzelner Buchstaben. In systematischer Hinsicht sind sie den Spaltenverfahren zuzuordnen.

Ein anderes Beispiel für einen context-sensitiven (also klartextabhängigen) Schlüssel ist das Würfelverfahren oder Versatzverfahren, bei dem die Klartextelemente erhalten bleiben:

Definition 3: *Gegeben seien die* $l \times h$ *Felder eines Rechteckschemas. Der zu verschlüs-*
selnde Klartext wird nun zeilenweise in dieses Rechteckschema hineingeschrieben bzw.
in eine Folge solcher Rechtecke. Die letzte Zeile bzw. die letzten Zeilen werden ggf. belie-
big ausgefüllt. Die Spalten eines Rechtecks werden numeriert und in vereinbarter Weise
permutiert, ggf. macht man das gleiche auch mit den Zeilen. Der Text wird dann spalten-
weise zum Geheimtext herausgeschrieben. Der Schlüssel dieses Würfelverfahrens ist offen-
sichtlich gegeben durch die Rechtecklänge l *bzw. -höhe* h *und die Permutation der*
Spalten und der Zeilen.

Bemerkung 2: Ein Schlüssel f mit

$$f: A' \longrightarrow B'; \quad A' \subset A^* \wedge B' \subset B^*,$$

der also die allgemeine Struktur aus Definition 1.2; 1 hat, heißt *Satzbuchverfahren*; das
Satzbuch wird in der Kryptologie auch *Code* genannt — es entspricht im Prinzip einem
Wörterbuch. ■

Bemerkung 3: Man kann selbstverständlich auch verschiedene Schlüssel miteinander kom-
binieren, d.h. nacheinander anwenden. Seien etwa n Schlüssel gegeben; das ‚Nachein-
anderanwenden' der ersten $n-1$ Schlüssel liefert sogenannte Zwischentexte, die Anwendung des n-ten Schlüssel auf den letzten Zwischentext liefert die sogenannte Überschlüsse-
lung. — Eine Iteration, d.h. n-malige Anwendung desselben Verfahrens nacheinander, heißt
auch n-Würfelverfahren. ■

Bemerkung 4: Zur praktischen Durchführung von Verschlüsselungen bedient man sich
sogenannter Chiffriergeräte. Bekannt sind z.B. die Kryha-, Enigma- und Hagelin-Chiffrier-
maschinen. Auf Einzelheiten soll hier des Mangels an Literatur wegen nicht eingegangen
werden. ■

In diesem Kapitel sind keine Beispiele zur Lösung eines Verfahrens durch den unberufenen
Entzifferer angegeben worden. Platzgründe würden es nur gestatten, Kryptogramme zu
lösen, die im wesentlichen doch den Visitenkartenrätseln ähneln.

Im allgemeinen Fall ist dem unberufenen Entzifferer selbstverständlich auch das Verschlüsselungsverfahren unbekannt und seine erste Aufgabe besteht dann darin (unter der
Voraussetzung, daß genügend viel nach dem gleichen Verfahren verschlüsseltes Material
vorliegt), zunächst die Art des Verfahrens selbst zu ermitteln.

4. Einführung in die algebraische Codierungstheorie

Der Zweck der Codierung ist es, Nachrichten in technischen Systemen übertragbar bzw. speicherbar zu machen. Das allgemeine Übertragungsschema ist schon im Abschnitt 1.1 angegeben worden. Im allgemeinen sind in technischen Systemen binärcodierte Nachrichten besonders günstig zu übertragen; aus diesem Grunde beschränkt sich dieses Kapitel auf Binärcodes (vgl. Definition 1.2;2 und auch Abschnitt 5.1).

Das Ziel der im zweiten Kapitel entwickelten Theorie (statistischer Zweig der Codierungstheorie) ist das Auffinden von optimalen Codes (vgl. Definition 2.1;3) zur Minimisierung des Übertragungsaufwandes. Nun treten aber bei einer Nachrichtenübertragung im Kanal – der ja der Angelpunkt der Informationstheorie ist – im allgemeinen Störungen, d.h. Übertragungsfehler auf. Es ist daher naheliegend, nach Möglichkeiten und Verfahren zu suchen, die es gestatten, einen Übertragungsfehler in der empfangenen Nachricht zu erkennen und – noch weitergehend – ihn dann auch zu korrigieren. So etwas wird bei den bisher betrachteten Codes natürlich im allgemeinen nicht möglich sein, daher fragt man jetzt nach anderen Codes, die eine Fehlererkennung und -korrektur gestatten, nämlich durch Mitführen von sogenannten Kontrollstellen im Codewort. Hierdurch können diese Codes im Sinne der Definition 2.1;3 offensichtlich im allgemeinen nicht optimal sein.

Dieses Kapitel beschränkt sich auf Blockcodes (Definition 1.2;4), also auf Codes, bei denen alle Bilder Wörter der festen Länge n sind. Als Beispiel der betrachteten Codes kann stets eine eineindeutige Abbildung der Art

$$f: A \longrightarrow B^n$$

mit $|A| = |B_f^n| = N$ (Umfang des Codes) gelten; bei dem im Abschnitt 1.2 schon erklärten (n, k)-Code (die Bezeichnung folgte ja aus der Matrixdarstellung des Linearcodes $L = B_f^n \subset B^n$) gilt $N = 2^k$. In diesem Kapitel wird unter einem Code allgemein nicht eine Abbildung, sondern die Menge der Bilder der Abbildung verstanden.

Es sei hier noch einmal generell auf den Abschnitt 1.2 und insbesondere auf das Beispiel 1.2;5 verwiesen. Die wichtigsten Problemstellungen sind im Abschnitt 1.3 schon genannt; sie lassen sich auch zu der folgenden Frage zusammenfassen: Wie findet man ein geeignetes Decodierungsschema?

4.1. Linearcodes

In diesem Kapitel werden ausschließlich Linearcodes betrachtet, also Codes, bei denen die Menge aller Bilder $B_f^n = L$ einen k-dimensionalen Unterraum des als Vektorraum über $B = \{0, 1\}$ aufgefaßten Raumes B^n (der Menge aller n-Tupel über B) bildet – vgl. Definition 1.2;5. Im Abschnitt 1.2 ist schon gezeigt worden, daß man einen Linearcode L (Trivialdarstellung: Angabe der Menge aller Bilder der Abbildung f) durch die k Basisvektoren von L beschreiben kann. Die Liste der Basisvektoren bildet dann die sogenannte

Basismatrix (n Spalten, k Zeilen); L ist dann identisch mit dem Zeilenraum dieser Matrix und heißt deswegen auch (n, k)-Code. Die Vorgabe der Basismatrix G ist also eine Art der Festlegung eines Linearcodes L, genauer: der Festlegung der Bilder der (Code-) Abbildung f. f selbst muß natürlich ebenfalls noch gegeben sein; für die hier entwickelte Theorie ist aber allein die Menge L wesentlich, die Abbildung f selbst ist belanglos.

4.1.1. Eigenschaften von Linearcodes

Die hier angegebenen Verknüpfungen sind, wenn es nicht aus dem Zusammenhang anders hervorgeht, stets als Verknüpfungen von Elementen des Körpers $B = K_2 = GF(2) = \{0,1;+,\cdot\}$ zu verstehen.

Der (n, k)-Code L sei gegeben durch die Basismatrix G. Man betrachtet nun alle n-Tupel v', die zu allen Zeilen von G orthogonal sind, für die also gilt [1]:

$$G\,v'^T = \underline{0}^T \qquad\qquad (\underline{0}: \text{Nullvektor, hier ein k-Tupel}).$$

Der Raum

$$L' = \{\,v' \,|\, v' \in B^n \wedge G\,v'^T = \underline{0}^T\,\}$$

ist wie L ein Unterraum von B^n, denn L' ist offensichtlich bezüglich der Addition eine abelsche Gruppe; d.h. aber, daß L' ebenfalls ein Linearcode ist. Man nennt L' den zu L gehörenden *Orthogonalraum*. Eine Basismatrix des Linearcodes L' sei H; H ist dann eine Matrix mit n Spalten und $n - k = \dim(L')$ Zeilen (vgl. *Kowalsky* (1972)) — L' ist also ein (n, n−k)-Code. Da offenbar L auch Orthogonalraum von L' ist, gilt:

$$v \in L \Longleftrightarrow v\,H^T = \underline{0} \qquad ((n-k)\text{-Tupel}).$$

Das gibt Anlaß zur

Definition 1: *Eine dem Orthogonalraum* L' *des Linearcodes* L *zugeordnete Basismatrix* H *heißt Kontrollmatrix des Linearcodes* L.

Die sogenannten *Kontrollgleichungen* $v\,H^T = \underline{0}$ bedeuten ja (im binären Fall, also im GF(2)) lediglich, daß die Anzahl der im Codevektor oder Codewort v an gewissen Stellen stehenden Einsen geradzahlig ist.

Beispiel 1: Im Beispiel 1.2;3 wird ein Linearcode $L = V_1$ beschrieben; im Beispiel 1.2;4 werden zwei ihn bestimmende Basismatrizen angegeben — es handelt sich dabei um einen (5,3)-Code. Der zu V_1 orthogonale Vektorraum V_1' besteht aus den vier Vektoren

$$00000, \quad 11010, \quad 10101, \quad 01111.$$

Eine Basismatrix dieses (5,2)-Codes ist offensichtlich

$$H = \begin{bmatrix} 11010 \\ 10101 \end{bmatrix},$$

---

[1] Die Transposition einer Matrix oder eines Vektors wird durch ein hochgestelltes T bezeichnet.

und H ist damit eine Kontrollmatrix des Linearcodes $L = V_1$; die vier letzten Koordinaten eines Codevektors $v \in V_1$ müssen eine gerade Anzahl von Einsen enthalten (vgl. das Beispiel 1.2 ; 3).

Man nennt den (n, k)-Code L und den (n, n − k)-Code L' *duale Codes* ; G ist offensichtlich eine Kontrollmatrix von L'.

In dem obigen Beispiel braucht man allein die letzten vier Koordinaten eines Vektors $v \in B^5$ zu kontrollieren; enthalten sie eine gerade Anzahl von Einsen, so ist der Vektor Codevektor. Es entsteht in diesem Zusammenhang natürlich die Frage, ob es sich prinzipiell so einrichten läßt, daß allein die letzten m ($\leqslant n$) Koordinaten eines Vektors Auskunft darüber geben, ob der Vektor Codevektor ist (also zu L gehört) oder nicht. Die folgenden Untersuchungen beantworten diese Frage.

Man betrachtet die (k, n)-Matrix G. Für eine Matrix sind die folgenden sogenannten elementaren Umformungen erklärt (hier nur für die Zeilenumformungen aufgeführt, für die Spalten gilt entsprechendes) :

a) Vertauschung zweier beliebiger Zeilen,

b) Multiplikation einer Zeile mit einem von Null verschiedenen Körperelement (im binären Fall kommt trivialerweise nur die 1 in Frage),

c) Addition einer mit einem beliebigen Element multiplizierten Zeile zu einer anderen Zeile.

Offensichtlich hat eine (k, n)-Matrix G', die durch elementare Umformungen aus G entstanden ist, denselben Zeilenraum wie G, d.h. sie beschreibt den gleichen Linearcode L.

Durch elementare Umformungen kann man eine Basismatrix G des Linearcodes L in eine Standardform der folgenden Gestalt bringen (dabei nennt man noch das erste von Null verschiedene Element einer Zeile *Leitelement* − es ist hier natürlich gleich 1) :

a) Jede Spalte, die ein Leitelement besitzt, enthält sonst nur Nullen ;

b) das Leitelement einer Zeile steht rechts von den Leitelementen der vorhergehenden Zeilen.

Diese Standardform der Basismatrix heißt *Gaußsche Normalform* (oder auch kanonische Staffelform − *Peterson* (1967)).

Codes, die sich lediglich in der Reihenfolge der Anordnung ihrer Symbole unterscheiden, haben bei der Übertragung in einem Kanal mit voneinander unabhängigen Störungen natürlich bezüglich der Fehlererkennung und -korrektur die gleichen Eigenschaften. Solche Codes sind durch eine Permutation der Spalten ihrer Basismatrizen ineinander zu überführen; man nennt solche Codes *äquivalent*. Genauer heißt das : Ein Linearcode L ist genau dann einem Linearcode L' äquivalent, wenn eine Basismatrix G von L durch Permutation ihrer Spalten in eine Basismatrix G' von L' zu überführen ist. Zwei Matrizen, die durch elementare Umformungen der Zeilen und Permutation der Spalten ineinander überführbar sind, heißen *kombinatorisch äquivalent* (*Peterson* (1967)).

Jede Basismatrix G eines Linearcodes läßt sich − wie schon gesagt − durch elementare Umformungen auf Gaußsche Normalform transformieren. Durch Permutation der Spalten kann man diese dann wieder in die folgende kombinatorische äquivalente sogenannte *reduzierte Staffelform* bringen:

$$G' = \begin{bmatrix} 1\,0\,0 \ \ldots \ 0\,p_{11} \ \ldots \ p_{1,\,n-k} \\ 0\,1\,0 \ \ldots \ 0\,p_{21} \ \ldots \ p_{2,\,n-k} \\ \vdots \\ 0\,0\,0 \ \ldots \ 1\,p_{k1} \ \ldots \ p_{k,\,n-k} \end{bmatrix} = [E_k, P]$$

(E_k ist dabei die k-reihige Einheitsmatrix). Es gilt daher:

Satz 1: *Jeder* (n, k)-*Code* L *ist äquivalent zu einem Linearcode* L' *mit einer (einer Basismatrix* G *von* L *kombinatorisch äquivalenten) Basismatrix* G' = [E_k, P] *in reduzierter Staffelform.*

Das gibt wiederum Anlaß zur:

Definition 2: *Ein Linearcode heißt systematischer Code genau dann, wenn er eine Basismatrix in reduzierter Staffelform besitzt.*

L sei nun ein systematischer Code und $G = [E_k, P]$ eine Basismatrix in reduzierter Staffelform. Jeder Codevektor

$$v = b_1 \ldots b_k c_1 \ldots c_{n-k} \in L; \quad b_i, c_j \in B$$

ist eine Linearkombination der Zeilen von G; dabei gilt dann:

$$c_j = \sum_{i=1}^{k} b_i\, p_{ij}; \quad j = 1, \ldots, n - k.$$

Jede der letzten n − k Koordinaten eines Codevektors ist also stets eine Linearkombination der ersten k Koordinaten. Damit ist die oben gestellte Frage beantwortet, denn zu jedem Linearcode gibt es nach Satz 1 einen ihm äquivalenten systematischen Code.

Definition 3: *Bei einem systematischen Code nennt man die ersten* k *Koordinaten eines Codevektors Informationsstellen und die restlichen* n − k *Koordinaten Kontrollstellen (oder Redundanz).*

In dieser Deutung der Koordinaten eines Codevektors liegt die Bedeutung der systematischen Codes. Im folgenden werden hier im allgemeinen systematische Codes vorausgesetzt; außerdem wird noch verlangt, daß nicht eine feste Koordinate aller Codevektoren verschwindet (die Basismatrix also keine Nullspalte besitzt). Diese Bedingungen sind keine Einschränkung der Allgemeinheit.

Bemerkung 1: L sei ein systematischer Code und $G = [E_k, P]$ sei eine ihn beschreibende Basismatrix in reduzierter Staffelform. Die Matrix

$$H = [-P^T, E_{n-k}]$$

ist dann eine Kontrollmatrix von L.

Es ist nämlich

$$G\,H^T = [E_k, P] \begin{bmatrix} -P \\ E_{n-k} \end{bmatrix} = \begin{bmatrix} 0 \cdots 0 \\ 0 \cdots 0 \end{bmatrix} = \underline{\underline{0}}$$

($\underline{0}$ ist hier eine $(k, n-k)$-Nullmatrix). Der Rang von H ist $n-k$, denn H enthält ja die $(n-k)$-reihige Einheitsmatrix; also ist die Summe der Ränge von G und H gleich n. Der Zeilenraum von H ist damit Orthogonalraum von L, d.h. H ist eine Kontrollmatrix von L.

Jeder Codevektor

$$v = b_1 \ldots b_k c_1 \ldots c_{n-k} \in L; \quad b_i, c_j \in B$$

genügt der Bedingung (den Kontrollgleichungen)

$$v\,H^T = \underline{0},$$

d.h.

$$-\sum_{i=1}^{k} b_i\,p_{ij} + c_j = 0; \quad j = 1, \ldots, n-k$$

(was natürlich mit der schon gewonnenen Gleichung identisch ist). ∎

Beispiel 2: Der Linearcode $L = V_1$ des Beispiels 1.2;3 ist ein systematischer Code, denn die erste der in Beispiel 1.2;4 gegebenen, ihn darstellenden Basismatrizen

$$G = \begin{bmatrix} 1 & 0 & 0 & 1 & 1 \\ 0 & 1 & 0 & 1 & 0 \\ 0 & 0 & 1 & 0 & 1 \end{bmatrix} = [E_3, P]$$

besitzt reduzierte Staffelform. Eine mögliche Kontrollmatrix ist daher:

$$H = \begin{bmatrix} 1 & 1 & 0 & 1 & 0 \\ 1 & 0 & 1 & 0 & 1 \end{bmatrix} = [-P^T, E_2]$$

(sie ist hier auch identisch mit der im Beispiel 1 angegebenen Kontrollmatrix). Für jeden Codevektor

$$V = a_1 \ldots a_5 \in L = V_1; \quad a_i \in B$$

muß also gelten

$$v\,H^T = \underline{0},$$

d.h.

$$\begin{aligned} a_1 + a_2 &= a_4 \\ a_1 + a_3 &= a_5 \end{aligned} \quad \text{(Kontrollgleichungen)}.$$

Die Koordinaten a_1, a_2, a_3 eines Codevektors sind Informationsstellen, die Koordinaten a_4 und a_5 sind Kontrollstellen. Die ersten drei Koordinaten eines Codevektors können also beliebig besetzt sein. Bei einem am Kanalausgang empfangenen Vektor $v \in B^5$ braucht man nur die Richtigkeit der Kontrollgleichungen zu prüfen, um zu entscheiden, ob der empfangene Vektor Codevektor ist oder nicht.

Das Hamming-Gewicht $w = d(v, \underline{0})$ eines Codevektors $v \in L$ (vgl. Definition 1.2; 8)
gestattet die folgende anschauliche Deutung:

Bemerkung 2: $v = a_1 \ldots a_n$ $(a_i \in B)$ sei ein Codevektor des Linearcodes L, für den H
eine Kontrollmatrix ist; h_i^T, $i = 1, \ldots, n$ seien die n Spaltenvektoren von H. Dann gilt

$$v\,H^T = \underline{0}, \quad \text{d.h.} \quad \sum_{i=1}^{n} a_i\,h_i^T = \underline{0}^T$$

(wobei $\underline{0}$ ein $(n - k)$-Tupel ist).

In der letzten Gleichung ist die Anzahl der Spaltenvektoren h_i^T, die nichtverschwindende
Koeffizienten besitzen, identisch mit dem Hamming-Gewicht w von v. Gibt es umgekehrt
$w\ (\leqslant n)$ linear abhängige Spaltenvektoren von H, also eine Gleichung der Art

$$\sum_{i=1}^{n} a_i\,h_i^T = \underline{0}^T$$

in der w Koeffizienten den Wert 1 haben und die anderen Null sind, so existiert offensichtlich auch ein Codevektor mit dem Hamming-Gewicht w, nämlich der Vektor
$v = a_1 \ldots a_n$. Sei nun

$$w = \min_{\substack{v \in L \\ v \neq \underline{0}}} d(v, \underline{0})$$

das Minimalgewicht (oder der Minimalabstand) des Linearcodes L. L kann also nur
dann w als Minimalgewicht besitzen, wenn jede Kombination von $w - 1$ oder weniger
Spaltenvektoren von H linear unabhängig ist. ∎

Eine Hauptaufgabe des zweiten Kapitels (Codes mit nichtkonstanter Länge) war es, im
Hinblick auf die dort definierten optimalen Codes Abschätzungen für die kleinste mittlere
Codewortlänge zu finden. Hier wird jetzt nach Abschätzungen für das Minimalgewicht
eines Linearcodes gefragt. Im Zusammenhang damit wird auch auf das Problem eingegangen, über wieviel Kontrollstellen (Definition 3) ein Linearcode verfügen muß, um bestimmte Fehlerkonfigurationen erkennen bzw. korrigieren zu können. Man fragt dabei letztlich
nach Codes, die es gestatten, alle Konfigurationen von höchstens m Fehlern zu erkennen
und zu korrigieren.

Einige algebraische Vorbereitungen sind noch notwendig:
Die Menge $B^n = K_2^n$ der n-Tupel ist bezüglich der (koordinatenweisen) Addition eine
abelsche Gruppe; der Linearcode L ist eine Untergruppe von B^n. Man schreibt nun alle
Elemente v_i von L nebeneinander, beginnend mit dem Null-n-Tupel, dem neutralen Element der Gruppe; unter $b_1 = v_1 = \underline{0}$ schreibt man ein Element $b_2 \in B^n$, das nicht zu L
gehört, also nicht in der ersten Zeile steht. Unter v_i schreibt man dann in der zweiten
Zeile das Element $b_2 + v_i$. Als Anfangselement der dritten Zeile wählt man ein Element b_3,
das noch nicht im Schema enthalten ist — unter v_i steht in dieser Zeile wieder $b_3 + v_i$.
Das Verfahren wird solange fortgesetzt, bis alle Elemente von B^n wenigstens einmal in

diesem Schema erschienen sind. Dieses wichtige und später noch wesentlich benutzte Schema hat damit die Gestalt:

$$\underline{0} = \begin{array}{llll} v_1 & v_2 & \ldots & v_N \\ b_2 & b_2 + v_2 & \ldots & b_2 + v_N \\ \ldots \\ b_l & b_l + v_2 & \ldots & b_l + v_N \end{array} \qquad (N = 2^k)$$

Es handelt sich hier um ein vollständiges Codesystem (vgl. Definition 1.2; 10), wie im folgenden gezeigt werden wird. Dieses Schema heißt *Standardschema*; es kann im Sinne von Beispiel 1.2; 5 als Decodierungsliste oder Decodierungsschema verwendet werden. Eine genauere Erläuterung des Begriffes Decodierungsschema folgt im Abschnitt 4.1.2. Die Elemente der ersten Zeile sind die Elemente der Untergruppe L von B^n; die Elemente jeder Zeile bilden eine Nebenklasse der Untergruppe L (vgl. z.B. *Hornfeck* (1973)). Die Elemente der ersten Spalte heißen *Anführer* der Nebenklassen.

Bemerkung 3: Es gilt (vgl. *Hornfeck* (1973)): a) Die Elemente g und g' liegen genau dann in derselben Nebenklasse, wenn $g - g' = g + g' \in L$ ist. Seien g und g' Elemente der Nebenklasse mit dem Anführer b_j, dann gibt es Indizes i bzw. k mit

$$g = b_j + v_i \wedge g' = b_j + v_k$$
$$\Rightarrow g - g' = v_i - v_k \in L.$$

Offensichtlich gilt auch die Umkehrung.

b) Jedes Element von B^n liegt in genau einer Nebenklasse der Untergruppe L.
Jedes Element von B^n kommt nach Konstruktion des obigen Schemas mindestens einmal im Schema selbst vor; es ist also zu zeigen, daß es nur einmal im Schema erscheint. Offensichtlich sind in der gleichen Zeile stehende Elemente voneinander verschieden (denn die Elemente von L sind alle voneinander verschieden). Sei nun

$$b_i + v_j = b_{i'} + v_{j'}, \quad i > i',$$

dann folgt

$$b_i = b_{i'} + v_{j'} - v_j.$$

Weil $v_{j'} - v_j \in L$ ist, folgt dann, daß b_i in der von $b_{i'}$ angeführten Nebenklasse liegt. Das ist ein Widerspruch. ∎

Bemerkung 4: Schreibt man alle Vektoren eines (n, k)-Code als Zeilen einer $(2^k, n)$-Matrix auf und betrachtet die Teilmenge aller Vektoren, deren erste Koordinate Null ist, so sieht man, daß diese Teilmenge ein Unterraum von L ist. Man betrachtet nun die Nebenklassen der zugehörigen Untergruppe: es gibt offensichtlich zwei solcher Nebenklassen, nämlich nach Bemerkung 3a). Das heißt aber, daß die erste Spalte der ursprünglich aufgeschriebenen Matrix genau $N/2 = 2^{k-1}$ Nullen und 2^{k-1} Einsen enthält. Das gleiche gilt natürlich für jede Spalte der aufgeschriebenen Matrix. Also: in jeder Spalte der aufgeschriebenen ‚Code-Matrix' tritt jedes Körperelement $a \in B$ genau 2^{k-1}-mal auf. Die Summe der Hamming-Gewichte aller Codevektoren dieses (n, k)-Codes ist dann

$$\sum_{v_i \in L} d(v_i, \underline{0}) = n \cdot 2^{k-1}. \quad \blacksquare$$

Zunächst soll nun eine obere Schranke für das Minimalgewicht (vgl. Bemerkung 2) eines Linearcodes L

$$w = \min_{\substack{v \in L \\ v \neq \underline{0}}} d(v, \underline{0})$$

angegeben werden:

Satz 2: *Es ist*

$$w \leqslant \frac{n \cdot 2^{k-1}}{2^k - 1} .$$

Beweis: Der Codevektor mit dem kleinsten Gewicht besitzt höchstens das mittlere Gewicht des Codes; es gibt $2^k - 1$ Vektoren mit einem von Null verschiedenen Hamming-Gewicht. Daraus folgt unmittelbar die Behauptung. ∎

In diesem Zusammenhang entsteht die Frage, wie man einen (systematischen) Code mit einer vorgegebenen Anzahl von Kontrollstellen und einem vorgegebenen Minimalgewicht konstruieren kann. Die folgenden Betrachtungen beantworten diese Frage.

Bemerkung 5: Nach Bemerkung 2 hat ein Linearcode L offensichtlich genau dann das Minimalgewicht w, wenn von einer Kontrollmatrix H von L stets $w - 1$ oder weniger Spalten linear unabhängig sind. Daraus folgt eine Möglichkeit der Konstruktion des Linearcodes L mit vorgegebener Anzahl $r = n - k$ von Kontrollstellen und vorgegebenem Minimalgewicht $w \leqslant r$: Man gibt eine Kontrollmatrix H des gesuchten Codes an — L ist dann der Orthogonalraum von H.

Man wählt dazu ein beliebiges (aber vom Null-Tupel verschiedenes) r-Tupel als erste Spalte einer Kontrollmatrix H; als zweite Spalte nimmt man wieder ein beliebiges r-Tupel, das aber kein Vielfaches der ersten Spalte sein darf. Allgemein wählt man für $1 < i < w$ die i-te Spalte so, daß sie nicht als Linearkombination der vorhergehenden Spalten geschrieben werden kann. Die letzten $n - w + 1$ Spalten der Kontrollmatrix werden beliebig aufgefüllt. Damit hat man einen (n, k)-Code konstruiert, der mindestens das vorgegebene Minimalgewicht w besitzt. Falls es sich nicht schon von selbst so ergeben hat, ist der konstruierte Code leicht in einen systematischen Code zu verwandeln. ∎

Linearcodes mit großem Minimalgewicht sind von besonderem Interesse, denn mit ihnen kann man auch Konfigurationen von mehreren Fehlern erkennen bzw. korrigieren.

Man erklärt jetzt noch die folgenden Begriffe:

Definition 4: *Zur Decodierung des Linearcodes L werde ein Standardschema verwandt. Der Code L heißt genau dann perfekter Code, wenn für ein m $(0 < m < N)$ die Nebenklassenanführer eines Standardschemas nur aus sämtlichen Vektoren von B^n mit dem Hamming-Gewicht $h \leqslant m$ bestehen. Der Code heißt quasiperfekt, wenn alle Vektoren von B^n mit dem Hamming-Gewicht $h \leqslant m$ als Nebenklassenanführer auftreten, einige Nebenklassenanführer das Hamming-Gewicht $h = m + 1$ und keine ein Hamming-Gewicht $h > m + 1$ haben.*

Mit einem perfekten oder quasi-perfekten Code kann man (man beachte die Konstruktion des Standardschemas) alle Kombinationen von m oder weniger Fehler eindeutig erkennen und korrigieren. Diese Aussage erlaubt einen wichtigen Rückschluß auf das Minimalgewicht des Codes: es beträgt mindestens $2m + 1$; diese Zahl ist zugleich eine untere Schranke für den Minimalabstand der Codevektoren. Seien nämlich v_1 und v_2 zwei Codevektoren mit

$$d(v_1, v_2) = d \leqslant 2m .$$

Dann gibt es sicher zwei Fehlervektoren w_1 und w_2 mit

$$d(w_1, \underline{0}) \leqslant m, \quad d(w_2, \underline{0}) \leqslant m$$

und

$$v_1 - w_1 = v_2 - w_2 = u .$$

w_1 und w_2 sind Nebenklassenanführer; der empfangene Vektor $u \in B^n$ tritt aber nur genau einmal im Standardschema auf und das bedeutet, daß $v_1 = v_2$ (und $w_1 = w_2$) sein muß (wegen der Eindeutigkeit der Fehlererkennung und -korrektur). Ein perfekter oder quasi-perfekter Code hat also als Minimalgewicht mindestens $2m + 1$. Ein Beispiel für einen perfekten Code ist der Hamming-Code, auf den im Abschnitt 4.1.3 eingegangen wird.

Man kann diese Betrachtungen auch so zusammenfassen: *Notwendig und hinreichend dafür, daß alle Kombinationen von höchstens m Fehlern erkennbar und korrigierbar sind, ist, daß der Code mindestens das Minimalgewicht $2m + 1$ besitzt und daß alle Vektoren aus B^n, die höchstens das Gewicht m besitzen, als Nebenklassenanführer auftreten.*

Ein Standardschema enthält insgesamt 2^n Vektoren; die erste Zeile (der Code) enthält 2^k Vektoren, d.h., das Schema besitzt 2^{n-k} Nebenklassen. $n - k$ ist nach Definition 3 die Anzahl der Kontrollstellen, falls — wie es hier ja getan wird — ein systematischer Code zugrunde gelegt wird.

Dann hat man die sogenannte Schranke von *Hamming*:

Satz 3: *Für die Anzahl der Kontrollstellen eines (n,k)-Codes, bei dem alle Kombinationen von m $(m < n)$ oder weniger Fehlern erkennbar und korrigierbar sein sollen (der also ein Minimalgewicht $w \geqslant 2m + 1$ besitzt), gilt* [1]:

$$n - k \geqslant \log \sum_{i=0}^{m} \binom{n}{i} .$$

Beweis: Damit alle Kombinationen von m oder weniger Fehlern erkennbar und korrigierbar sind, müssen alle Vektoren aus B^n mit einem Hamming-Gewicht $h \leqslant m$ als Nebenklassenanführer erscheinen. Da es 2^{n-k} Nebenklassen gibt und $\binom{n}{i}$ Vektoren der Länge n mit dem Gewicht i existieren, muß

$$1 + \binom{n}{1} + \binom{n}{2} + \ldots + \binom{n}{m} \leqslant 2^{n-k}$$

gelten.
Daraus folgt sofort die Behauptung. ∎

Weitere Abschätzungen aus diesem Problemkreis — auch asymptotische Ausdrücke — findet man bei *Peterson* (1967) und in der dort zitierten Originalliteratur.

---

[1] Mit log ist wieder der Logarithmus zur Basis 2 gemeint.

4.1.2. Decodierung von Linearcodes

In diesem Abschnitt soll nun die Frage behandelt werden, wie man eine empfangene Nachricht, genauer ein Nachrichtenteil der Länge n (das ja gestört sein kann, d.h. nicht notwendig zur Menge der Codevektoren gehören muß) decodieren kann.

Alle Vektoren des Linearcodes L können am Kanaleingang eingegeben werden und alle Vektoren von B^n können am Kanalausgang empfangen werden; es muß also ein Schema angegeben werden, das festlegt, welcher Codevektor $v \in L$ dem empfangenen Vektor zuzuordnen ist (falls dieser natürlich selbst Codevektor ist, soll diese Zuordnung die Identität sein) und das damit bestimmt, in welches Original der empfangene Vektor zu decodieren ist. Man spricht hier einfacher auch von *Decodierung des empfangenen Vektors in den gesendeten Vektor.* Im Beispiel 1.2; 5 wurde bereits ein solches Decodierungsschema angegeben. Ein Decodierungsschema ist üblicherweise in der Form einer Matrix gegeben; es enthält in der ersten Zeile die Codevektoren. Die Spalte unter einem Codevektor enthält die Vektoren aus B^n, die dem führenden Codevektor zugeordnet sind und damit in das Original dieses Codevektors (bzw. in diesen Codevektor) zu decodieren sind. Alle Vektoren von B^n sollen genau einmal im Schema auftreten; grundsätzlich müssen die Spalten allerdings nicht gleich viel Elemente enthalten.

Mit der Angabe des Decodierungsschemas liegt die Decodierung also fest. Die Aufgabe ist nun das Aufstellen eines geeigneten Decodierungsschemas bzw. die Herleitung eines Decodierungsverfahrens, da man bei umfangreicherem Code (bei größeren n und k) das Decodierungsschema natürlich nicht mehr explizit aufschreiben kann.

Im vorhergehenden Abschnitt ist vor Bemerkung 3 ein Schema angegeben worden, das zeilenweise die Nebenklassen der Untergruppe L (also des Codes) der Gruppe B^n enthält; die Vektoren der ersten Spalte heißen — wie schon erwähnt — Anführer der Nebenklassen. Dieses Schema hat den Namen Standardschema; bei ihm enthalten alle Spalten gleichviel Elemente.

Wird nun ein (Code-)Vektor $v \in L$ gesendet und ein Vektor $u \in B^n$ (also nicht notwendig ein Codevektor) empfangen, dann nennt man den Vektor $u - v$ den Fehler. Es gilt:

Satz 1: *Wählt man das Standardschema als Decodierungsschema, so wird ein empfangener Vektor v decodiert, wenn der Fehler $u - v$ Anführer einer Nebenklasse ist.*

Beweis: Sei $b_i = u - v$ Anführer der i-ten Nebenklasse; der Vektor $b_i + v = u$ steht dann unter v — wird also in v decodiert. Umgekehrt: wird u in v decodiert, dann steht u in der durch v bestimmten Spalte, d.h., daß nach Konstruktion des Standardschemas der Vektor $u - v$ Anführer einer Nebenklasse sein muß. ∎

H sei eine $(n, n-k)$-Kontrollmatrix des (n, k)-Codes L; man kann eventuell durch Hinzufügen von weiteren (von den schon vorhandenen $n-k$ Zeilen von H linear abhängigen) Zeilen H zu einer (n, r)-Matrix H' ergänzen, die ebenfalls den Orthogonalraum von L beschreibt.

Definition 1: *Der zu einem empfangenen Vektor* $u \in B^n$ *gebildete Vektor*

$$u\, H'^T = s$$

(der also $r \geqslant n - k$ *Koordinaten besitzt) heißt Korrektor oder Syndrom* [1]*) von* u.

Da der Code L aus dem zur Matrix H' orthogonalen Raum besteht, ist ein Vektor genau dann Codevektor, wenn sein Korrektor das Null-r-Tupel ist.

Bemerkung 1: Es sei ein Standardschema gegeben; dann gilt: zwei Vektoren u_1 und u_2 liegen genau dann in derselben Nebenklasse, wenn ihre Korrektoren gleich sind. Das sieht man so: seien u_1 und u_2 Elemente derselben Nebenklasse, dann ist

$$u_1 - u_2 \in L,$$

also

$$(u_1 - u_2)\, H'^T = \underline{0}\,.$$

Wegen der Distributivität folgt daraus

$$u_1\, H'^T = u_2\, H'^T.$$

Das ist der eine Teil der Behauptung. Ähnlich leicht zeigt man die Umkehrung und aus $u_1 - u_2 \in L$ folgt nach Bemerkung 4.1.1;3, daß u_1 und u_2 in derselben Nebenklasse liegen. ∎

Bemerkung 2: Man kann bei Verwendung des Korrektorbegriffs das folgende Decodierungsverfahren benutzen: Man stellt eine Tabelle auf, die die Anführer und damit (nach Bemerkung 1) die Korrektoren der Nebenklassen enthält. Diese Korrektoren sind nach Bemerkung 1 und Bemerkung 4.1.1;3b alle voneinander verschieden. Zu jedem empfangenen Vektor $u \in B^n$ wird der Korrektor $u\, H'^T$ berechnet und der dazugehörige Nebenklassenanführer b aus der Tabelle bestimmt. Dieser Nebenklassenanführer wird mit dem Fehler identifiziert, also:

$$b = u - v.$$

Man sieht dann den Vektor

$$v = u - b$$

als gesendeten Codevektor an. ∎

Das Decodierungsschema — hier das Standardschema — ist natürlich durch die weitgehend willkürliche Wahl der Nebenklassenanführer selbst weitgehend willkürlich. Es entsteht damit die Frage nach der Berechtigung dieses Decodierungsverfahrens.

Der folgende Satz 2 gibt eine Rechtfertigung für diese Decodierungsverfahren, falls ein (in der folgenden Bemerkung 3 erläuterter) *symmetrischer Binärkanal* und ein spezielles Standardschema verwendet werden. Der Satz sagt aus, daß dann die Wahrscheinlichkeit für die richtige Decodierung maximal wird.

---

[1]) Die Bezeichnung Syndrom geht nach *Peterson* (1967) auf *Hagelbarger* zurück.

Dieses im folgenden zugrunde gelegte spezielle Standardschema erzeugt man gegebenenfalls durch eine Umordnung aus einem gegebenen Standardschema; man wählt als Anführer einer Nebenklasse stets einen Vektor, der in seiner Zeile minimales Gewicht besitzt; er ist natürlich i.a. nicht eindeutig bestimmt.

Bemerkung 3: Bei dem *symmetrischen Binärkanal* handelt es sich in mancher Beziehung um das entsprechende Gegenstück zur Quelle ohne Gedächtnis (vgl. Abschnitt 2.1). Es wird ein (Binär-)-Kanal ohne Gedächtnis zugrunde gelegt (vgl. *Henze/Homuth* (1970) und Abschnitt 1.1); die folgenden vier bedingten Wahrscheinlichkeiten bestimmen dann offensichtlich sein Verhalten:

$$P(0|0), \quad P(1|0), \quad P(0|1), \quad P(1|1).$$

Das erste Argument steht dabei natürlicherweise für das empfangene, das zweite für das gesendete Symbol. Bei einem symmetrischen (d.h. symmetrisch gestörten) Binärkanal fordert man dann noch, daß

$$P(0|0) = P(1|1) = p$$
$$P(1|0) = P(0|1) = q = 1 - p < p$$

gilt. Natürlich entsprechen realisierte Kanäle i.a. nicht diesem einfachen Modell, aber es kann doch als gute Annäherung an konkrete Kanäle gelten (vgl. auch *Peterson* (1967) und *Berlekamp* (1968)).

Die Wahrscheinlichkeit für die fehlerfreie Übertragung eines Wortes der Länge n ist bei einem symmetrischen Binärkanal offensichtlich gleich p^n, wegen der Voraussetzung, daß der Kanal kein Gedächtnis haben soll. Die Wahrscheinlichkeit dafür, daß sich das empfangene Wort in i festen Koordinaten vom gesendeten Wort unterscheidet, ist $q^i p^{n-i}$. Wegen $p > q$ ist ein fehlerfrei empfangenes Wort wahrscheinlicher als ein anderes; ein empfangenes Wort mit nur einem Fehler ist wahrscheinlicher als ein Wort mit zwei oder mehr Fehlern, usw. (es gilt ja $q^i p^{n-i} < q^j p^{n-j}$ für $j < i$, wenn $q \neq 0$ ist). Deshalb ist es, falls jedes Wort mit gleicher Wahrscheinlichkeit gesendet wird, offensichtlich am günstigsten, stets in einen der Codevektoren zu decodieren, die sich in den wenigsten Koordinaten vom empfangenen Vektor (der ja nicht Codevektor zu sein braucht) unterscheiden, die also von ihm minimalen Hamming-Abstand haben. Dieses Verfahren heißt *Maximum-Likelihood-Decodierung*. Die im Beispiel 1.2; 5 durch die angegebene Tabelle bestimmte Decodierung ist eine Maximum-Likelihood-Decodierung (vgl. auch *Peterson* (1967)). ■

Nun kann der angekündigte Satz formuliert werden:

Satz 2: *Gegeben sei der* (n, k)-*Code L; die Codevektoren, die alle mit gleicher Wahrscheinlichkeit gesendet werden, sollen in einem symmetrischen Binärkanal übertragen werden. Die durchschnittliche Wahrscheinlichkeit für die richtige Decodierung bei dieser Übertragung hat dann ein Maximum, wenn eines der genannten speziellen Decodierungsschemata verwendet wird.*

Beweis: Der Vektor $v^{ij} \in B^n$ stehe im Decodierungsschema in der i-ten Zeile und j-ten Spalte; v^{1j} ist also der die Spalte anführende Codevektor, in den bei dem vorliegenden Decodierungsverfahren der Vektor v^{ij} decodiert wird.

$$d^{ij} = d(v^{ij}, v^{1j})$$

ist der Hamming-Abstand der beiden Vektoren. Bei Übertragung des Codevektors v^{1j} beträgt die Wahrscheinlichkeit für die richtige Decodierung (das ist die Summe über die Wahrscheinlichkeiten, daß sich das empfangene Wort in d^{ij} Koordinaten vom gesendeten unterscheidet)

$$\sum_i q^{d^{ij}} p^{n-d^{ij}},$$

denn es wird dann richtig decodiert, wenn ein Vektor der von v^{1j} angeführten Spalte empfangen wird. Es gibt $2^k = N$ gleichwahrscheinliche Codevektoren, daher ist die mittlere Wahrscheinlichkeit für die richtige Decodierung

$$P_0 = 2^{-k} \sum_{j=1}^{2^k} \sum_i q^{d^{ij}} p^{n-d^{ij}}.$$

$q^{d^{ij}} p^{n-d^{ij}}$ ist in d^{ij} monoton fallend. Deshalb hat P_0 genau dann einen maximalen Wert, wenn alle d^{ij} möglichst klein sind, d.h. jeder empfangene Vektor in einen Codevektor decodiert wird, von dem er minimalen Hamming-Abstand hat. Es ist also noch zu zeigen, daß ein spezielles Decodierungsschema eben dieser Bedingung genügt.
Ein empfangener Vektor u stehe im (speziellen) Decodierungsschema unter dem Codevektor v; es sei

$$w = d(u, v).$$

Der Vektor v_1 sei der Codevektor, der von u minimalen Hamming-Abstand hat, bzw. v_1 sei einer der Codevektoren mit dieser Eigenschaft; es ist dann

$$w_1 = d(u, v_1) \leqslant w.$$

$b = u - v$ ist der Anführer der Nebenklasse, in der der empfangene Vektor u liegt. Dann gilt

$$d(b, \underline{0}) = d(u - v, \underline{0}) = w.$$

Der Vektor

$$u - v = b + (v - v_1)$$

hat das Hamming-Gewicht w_1 und liegt natürlich ebenfalls in der durch b bestimmten Nebenklasse. b hat in dieser Nebenklasse minimales Gewicht; also gilt auch

$$w \leqslant w_1$$

und damit

$$w = w_1,$$

d.h. aber, daß der Vektor v zu den Codevektoren gehört, die vom empfangenen Vektor u minimalen Hamming-Abstand haben. ∎

Die Anzahl der Nebenklassenanführer mit dem Gewicht i $(0 \leqslant i \leqslant n)$ sei a_i; dann gilt offensichtlich noch

$$P_0 = \sum_{i=0}^{n} a_i \, q^i p^{n-i}.$$

Beispiel 1: Gegeben sei wieder der Code der Beispiele 1.2; 3, 1.2; 4, 4.1.1; 1 und 4.1.1; 2. Ein spezielles Standardschema hat die folgende Gestalt:

$$\begin{array}{cccccccc}
00000 & 10011 & 01010 & 11001 & 00101 & 10110 & 01111 & 11100 \\
00001 & 10010 & 01011 & 11000 & 00100 & 10111 & 01110 & 11101 \\
00010 & 10001 & 01000 & 11011 & 00111 & 10100 & 01101 & 11110 \\
10000 & 00011 & 11010 & 01001 & 10101 & 00110 & 11111 & 01100
\end{array}$$

Bei der Übertragung eines Codevektors sind fünf einfache Fehler möglich; drei dieser Fehler können mit dem vorliegenden Code korrigiert werden. Nimmt man zur Berechnung der Korrektoren die in Beispiel 4.1.1; 2 angegebene Kontrollmatrix, so sieht man, daß die Korrektoren der 2., 3. und 4. Zeile nacheinander 01, 10 und 11 sind. Der Korrektor des Codes selbst ist natürlich 00.

Im folgenden soll nun ein Decodierungsverfahren behandelt werden, das in der Literatur als *schrittweise Decodierung* bekannt ist. Bevor es beschrieben werden kann, sind noch einige Vorbereitungen notwendig.

Die Elemente des Körpers $B = \{0, 1; +, \cdot\}$ ordnet man hier und zwar in der Reihenfolge 1, 0. Dann kann man die Vektoren von B^n *lexikographisch* anordnen: Ein Vektor $y_1 y_2 \dots y_n$ steht in dieser Anordnung hinter dem Vektor $x_1 x_2 \dots x_n$, wenn in der Anordnung der Koordinaten y_j hinter x_j $(1 \leqslant j \leqslant n)$ steht und sich die Vektoren zum erstenmal in der j-ten Koordinate unterscheiden. Diese lexikographische Anordnung ist offensichtlich eine Ordnung.

Zugrunde gelegt wird im folgenden wieder ein Standardschema; als Gewicht einer Nebenklasse erklärt man das Minimalgewicht der zur Nebenklasse gehörenden Vektoren; bei einem speziellen Standardschema ist es das Gewicht des Nebenklassenanführers.

Definition 2: *Ein Vektor* $v \in B^n$ *heißt unmittelbarer Nachfolger von* $u \in B^n$, *wenn man* v *aus* u *ableiten kann, d.h., wenn* v *aus* u *dadurch hervorgeht, daß man eine der nichtverschwindenden Koordinaten von* u *zu Null macht.* v *heißt Nachfolger von* u, *wenn es eine Folge von Vektoren* $u = u_0, u_1, \dots, u_m = v$ *gibt, in der für jedes* i *mit* $1 \leqslant i \leqslant m$ u_i *unmittelbarer Nachfolger von* u_{i-1} *ist* [1]). *Der Nullvektor* $\underline{0} \in L \subset B^n$ *hat keinen Nachfolger.*

Es gelten die in den folgenden Bemerkungen genannten Sätze:

Bemerkung 4: Der Vektor u habe in seiner Nebenklasse minimales Gewicht. Ein Nachfolger v von u hat dann in seiner Nebenklasse ebenfalls minimales Gewicht. Diese Aussage wird für unmittelbare Nachfolger gezeigt, denn sie gilt dann auch für eine (endliche) Folge von ihnen. $e \in B^n$ sei ein geeignet gewählter Einheitsvektor, d.h. ein geeigneter Vektor vom Hamming-Gewicht 1; dann gilt offensichtlich $v = u - e$. Jeder Vektor aus der von v bestimmten Nebenklasse, die mit $\langle v \rangle$ bezeichnet werden soll, läßt sich in der Form

$$v + v_1 = u + v_1 - e, \quad v_1 \in L$$

---

[1]) Man beachte die Analogie zu den entsprechenden Begriffsbildungen in der Theorie der formalen Sprachen – vgl. auch *Maurer* (1969).

schreiben. $u + v_1$ liegt aber in der von u bestimmten Nebenklasse $\langle u \rangle$; d.h. (v_1 läuft!) jeder Vektor aus $\langle v \rangle$ unterscheidet sich in genau einer Koordinate von einem Vektor aus $\langle u \rangle$. Die Gewichte der Nebenklassen unterscheiden sich also um 1. Da nach Definition des unmittelbaren Nachfolgers das Gewicht von v um 1 kleiner ist als das von u, hat v also auch in seiner Nebenklasse minimales Gewicht. ∎

Bemerkung 5: Der Vektor u habe in seiner Nebenklasse $\langle u \rangle$ minimales Gewicht und stehe in der genannten lexikographischen Anordnung vor allen anderen minimalgewichtigen Vektoren von $\langle u \rangle$. v sei ein Nachfolger von u. Dann steht auch v in der lexikographischen Anordnung vor allen anderen minimalgewichtigen Vektoren von $\langle v \rangle$.
Auch diese Aussage wird nur für unmittelbare Nachfolger gezeigt: Jeder Vektor von $\langle v \rangle$ unterscheidet sich von einem Vektor von $\langle u \rangle$ nur um einen geeignet gewählten Einheitsvektor e; dessen k-te Koordinate sei 1. Jeder minimalgewichtige Vektor aus $\langle v \rangle$ hat dann als k-te Koordinate eine Null (nach Bemerkung 4). v wird nun mit einem anderen minimalgewichtigen Vektor v' aus $\langle v \rangle$ verglichen; v' entsteht durch Subtraktion von e von einem minimalgewichtigen Vektor u' von $\langle u \rangle$. In u und u' ist die k-te Koordinate gleich 1, d.h. steht u vor u', dann steht auch v vor v'. ∎

Bemerkung 6: Die letzte Aussage kann man etwas anders formulieren. Sie heißt dann auch Satz von *Slepian* und *Moore*:
Man legt wieder ein spezielles Standardschema zugrunde, bei dem also die Nebenklassenanführer in ihrer Nebenklasse minimales Gewicht haben. Wählt man nun als Anführer unter den möglichen minimalgewichtigen Vektoren den, der in der lexikographischen Anordnung vor den anderen minimalgewichtigen Vektoren steht, dann ist jeder Nachfolger eines Nebenklassenanführers ebenfalls Nebenklassenanführer. ∎

Das Verfahren der schrittweisen Decodierung arbeitet nun folgendermaßen:
Für jeden empfangenen Vektor $u \in B^n$ soll es möglich sein, das Gewicht der von ihm bestimmten Nebenklasse zu ermitteln. Das ist z.B. dann möglich, wenn die schon erwähnte Tabelle ,Nebenklassenanführer-Korrektor' für ein spezielles Standardschema bekannt ist (vgl. auch Bemerkung 2). In diesem Fall liefert das Verfahren der schrittweisen Decodierung gegenüber dem schon geschilderten Decodierungsverfahren aber nichts Neues (vgl. Satz 3). Man braucht eine solche Tabelle für die Durchführung der schrittweisen Decodierung natürlich nicht; es genügt allein die Kenntnis des Gewichts der Nebenklasse, d.h. eines Verfahrens, das es gestattet, dieses Nebenklassengewicht zu bestimmen.[1] Das Verfahren der schrittweisen Decodierung liefert als Nebenergebnis aber auch noch den den Bedingungen des Satzes von Slepian und Moore genügenden Nebenklassenanführer.

Wird ein Vektor

$$u = a_1 a_2 \dots a_n \in B^n; \quad a_i \in B$$

empfangen, so ermittelt man zunächst das Gewicht der von u bestimmten Nebenklasse. Dann ersetzt man die erste Koordinate von u durch $1 - a_1 = b_1$. Hat dann die durch den Vektor

$$u' = b_1 a_2 \dots a_n$$

---

[1] Ein solches Verfahren wird am Schluß dieses Abschnitts geschildert.

bestimmte Nebenklasse ein geringeres Gewicht als die von u bestimmte Nebenklasse, so wird u durch u' ersetzt, andernfalls bleibt u stehen. Dieses Verfahren setzt man nun mit der zweiten, dritten, usw. Koordinate fort, bis man einen Vektor erhält, der in der Nebenklasse mit dem Gewicht Null liegt, also Codevektor ist. Diesen Codevektor sieht man als gesendeten Vektor an; man decodiert den empfangenen Vektor u also in diesen Codevektor.

Daß dieses Verfahren überhaupt möglich ist, also für alle möglichen empfangenen Vektoren $u \in B^n$ einen Codevektor liefert, und daß dieser Codevektor dann zu den zu u nächst benachbarten Codevektoren gehört — das Verfahren der schrittweisen Decodierung also eine Maximum-Likelihood-Decodierung ist —, zeigt der auf *Prange* zurückgehende

Satz 3: *Das Verfahren der schrittweisen Decodierung liefert stets einen Codevektor. Die Differenz zwischen dem empfangenen Vektor u und dem Codevektor ist Anführer der von u bestimmten Nebenklasse $\langle u \rangle$; der Anführer hat in der Nebenklasse minimales Gewicht und steht in der lexikographischen Anordnung vor den anderen minimalgewichtigen Vektoren von $\langle u \rangle$.*

Zur Aussage des Satzes: Das sich für die Decodierung ergebende Standardschema ist also ein spezielles Standardschema, das den Bedingungen des in der Bemerkung 6 genannten Satzes von *Slepian* und *Moore* genügt. Nach Satz 2 ist jede Decodierung, der ein spezielles Standardschema zugrunde liegt, eine Maximum-Likelihood-Decodierung.

Beweis von Satz 3: $u \in B^n$ sei der empfangene Vektor und $b \in B^n$ der minimalgewichtige Vektor der von u bestimmten Nebenklasse $\langle u \rangle$, der in der lexikographischen Anordnung vor anderen (evtl. vorhandenen) minimalgewichtigen Vektoren steht. e^i sei der Einheitsvektor, dessen i-te Koordinate gleich 1 ist. Dann läßt sich b so schreiben:

$$b = e^{i_1} + e^{i_2} + \ldots + e^{i_w}.$$

Dabei ist $w = d(b, \underline{0})$ das Hamming-Gewicht von b und die Indizes lassen sich so wählen, daß

$$i_1 < i_2 < \ldots < i_w$$

gilt. Der Beweis wird weiter in zwei Schritten geführt:

a) Bei der schrittweisen Decodierung von u wird als erste die i_1-te Koordinate von u verändert, wie zu zeigen sein wird. Der Vektor

$$b_1 = b - e^{i_1}$$

hat dann das Gewicht $w - 1$ und steht nach Bemerkung 6 in seiner Nebenklasse in der lexikographischen Anordnung vor den evtl. vorhandenen anderen minimalgewichtigen Vektoren. b_1 gehört zur von $u_1 = u - e^{i_1}$ bestimmten Nebenklasse, denn

$$b_1 - u_1 = b - e^{i_1} - u + e^{i_1} = b - u$$

ist ein Codevektor. Falls $i_1 > 1$ ist, kann eine i-te Koordinate von u mit $1 \leqslant i < i_1$ noch nicht geändert worden sein, denn das Gewicht der durch $u - e^i$ bestimmten Nebenklasse könnte dann höchstens $w - 1$ sein, d.h. das Gewicht des Anführers b' dieser Nebenklasse wäre auch höchstens $w - 1$. $b' + e^i$ wäre dann ein minimalgewichtiger Vektor aus $\langle u \rangle$, der in der lexikographischen Anordnung noch vor b steht — und das ist ein Widerspruch !

b) u_j sei der Vektor, der sich bei der schrittweisen Decodierung nach j Schritten aus u
ergibt. Durch Induktion nach j wird gezeigt, daß die j-te Veränderung von u, also $u_j - u_{j-1}$,
gleich e^{i_j} ist. j = 1 ist die Induktionsverankerung; es wird von j − 1 auf j geschlossen.
Es ist

$$u_{j-1} = u - e^{i_1} - \ldots - e^{i_{j-1}} \, .$$

Die von diesem Vektor bestimmte Nebenklasse hat als minimalgewichtigen Anführer, der
in der lexikographischen Anordnung vor den anderen minimalgewichtigen Vektoren der
Nebenklasse steht, den Vektor

$$b_{j-1} = b - e^{i_1} - \ldots - e^{i_{j-1}} \, .$$

Auf die Vektoren u_{j-1} und b_{j-1} wird dann der unter a) durchgeführte Schluß angewandt;
das liefert

$$u_j = u - e^{i_1} - \ldots - e^{i_{j-1}} - e^{i_j}$$
$$b_j = b - e^{i_1} - \ldots - e^{i_{j-1}} - e^{i_j} \, .$$

Die schrittweise Decodierung endet dann nach w Veränderungen, denn dann ist der Nebenklassenanführer

$$b_w = b - e^{i_1} - \ldots - e^{i_w} = \underline{0}$$

erreicht, d.h. der Vektor

$$u_w = v$$

liegt in der Nebenklasse mit dem Gewicht Null, er ist also Codevektor. Es gilt dann

$$v = u - b \, ,$$

d.h. v führt die durch den empfangenen Vektor u bestimmte Spalte an. Das bedeutet
aber, daß v zu den u nächst benachbarten Codevektoren gehört. ∎

Das Verfahren der schrittweisen Decodierung ist wie das in der Bemerkung 2 geschilderte
Verfahren ein Decodierungsalgorithmus; zur Durchführung dieses Algorithmus muß man
natürlich die lexikographische Anordnung der Elemente von B^n nicht explizit angeben.
Der eigentliche Algorithmus der schrittweisen Decodierung ist offensichtlich sehr leicht
zu durchlaufen, wenn zu jedem Vektor $u \in B^n$ das Gewicht der von ihm bestimmten
Nebenklasse $\langle u \rangle$ bekannt ist. Im folgenden soll nun ein Verfahren angegeben werden, das
es gestattet, dieses Nebenklassengewicht zu ermitteln, und zwar ohne Kenntnis einer Tabelle ‚Nebenklassenanführer-Korrektor‘.

Die Existenz eines solchen Verfahrens ist aus den folgenden Gründen wichtig: Das in der
Bemerkung 2 geschilderte Decodierungsverfahren, bei dem eine Tabelle ‚Nebenklassenanführer-Korrektor‘ zugrunde gelegt wird, benötigt bei längeren und umfangreicheren
Codes relativ viel Speicherplatz (denn es müssen $2 \cdot 2^{n-k}$ Vektoren gespeichert werden).
Das Verfahren der schrittweisen Decodierung ist bei solchen Codes interessant, bei denen
sich die Ermittlung des Nebenklassengewichts mit weniger Speicher- bzw. Programm-
aufwand realisieren läßt.

Zur Beschreibung des Verfahrens, das eine als *Codesymmetrie* bezeichnete Eigenschaft ausnutzt, sind wieder einige algebraische Vorbereitungen und einige, z.T. längere Bemerkungen notwendig. Wie stets in diesem Kapitel werden lineare Binärcodes zugrunde gelegt, also Untergruppen der (abelschen) Gruppe des Vektorraums $B^n = K_2^n$ (Menge aller n-Tupel) über dem skalaren Körper $B = K_2 = GF(2) = \{ 0, 1 ; + , \cdot \}$.

Bemerkung 7: Eine Umordnung der Koordinaten eines Vektors $v \in B^n$ heißt Permutation; man bezeichnet eine solche Permutation mit π und schreibt für das ‚Ergebnis' $v\pi$. Jede Permutation ist eine eineindeutige Abbildung von B^n auf sich, und die — multiplikativ geschriebene — Hintereinanderausführung zweier Permutationen ist wieder eine Permutation. Offensichtlich (vgl. z.B. *Hornfeck* (1973)) ist die Menge aller Permutationen eine — multiplikativ geschriebene — Gruppe. — Das Einselement dieser Gruppe ist natürlich die identische Abbildung $1 = \pi^0$ von B^n auf sich.

Sei nun $L \subset B^n$ ein (n, k)-Linearcode. Die Menge [1]) G aller Permutationen π mit der Eigenschaft

$$v \in L \;\Rightarrow\; v\pi \in L$$

ist dann ebenfalls eine Gruppe, und zwar eine Untergruppe der vollen Permutationsgruppe der Menge B^n. Diese Untergruppe läßt den Code invariant. Man nennt alle Gruppen G', die den Code invariant lassen (also Untergruppen von G sind), Symmetriegruppen des Codes L. G ist selbstverständlich seine größte Symmetriegruppe. ∎

Bemerkung 8: a) G' sei eine Symmetriegruppe des Codes L. Dann ist G' auch Symmetriegruppe des zu L dualen Codes L' (des Orthogonalraums von L). Das sieht man so: Seien $v_1, v_2 \in B^n$ und π eine Permutation; dann gilt für das Skalarprodukt [2]) der beiden Vektoren

$$v_1 v_2^T = (v_1 \pi)(v_2 \pi)^T$$

— alle Operationen sind natürlich wieder im Körper $B = \{0, 1 ; + , \cdot\}$ durchzuführen —.

Sei nun $v_1 \in L$ und $v_2 \in L'$, dann ist

$$(v_2 \pi) v_1^T = (v_2 \pi)(v_1 \pi^{-1} \pi)^T = v_2 (v_1 \pi^{-1})^T.$$

Ist nun $\pi \in G'$, so ist auch $\pi^{-1} \in G'$; daher ist dann $v_1 \pi^{-1} \in L$. Dann gilt aber

$$v_2 (v_1 \pi^{-1})^T = 0$$

(vgl. Definition des dualen Codes) und damit

$$(v_2 \pi) v_1^T = 0,$$

d.h. $v_2 \pi$ ist ebenso wie v_2 orthogonal zu jedem $v_1 \in L$; also gilt $v_2 \pi \in L'$ und das bedeutet, daß G' auch Symmetriegruppe von L' ist.

---

[1]) Mit G wurde früher eine (Basis-)Matrix bezeichnet; Verwechslungen sind nicht zu befürchten.

[2]) Dieses ‚Skalarprodukt' ist aber kein Skalarprodukt im üblichen Sinne.

b) $U = \langle u \rangle$ $(u \in B^n)$ sei eine Nebenklasse des Codes L (vgl. das Standardschema). π sei eine Permutation aus der Symmetriegruppe G'. Dann ist auch die Menge $U\pi$ aller Vektoren, die sich durch Anwendung von π auf die Vektoren von U ergibt, eine Nebenklasse von L.

Seien nämlich u_1 und u_2 beliebige Elemente von U. $U\pi$ ist genau dann Nebenklasse, wenn $u_1\pi - u_2\pi \in L$ gilt. Wegen der offensichtlichen Distributivität von π ist aber

$$u_1\pi - u_2\pi = (u_1 - u_2)\pi,$$

und da $u_1 - u_2$ ein Codevektor ist, ist auch $u_1\pi - u_2\pi$ Codevektor. ∎

Ein Code $L \subset B^n$ bestimmt eindeutig seine größte Symmetriegruppe G. Umgekehrt bestimmt aber auch eine beliebige Gruppe G^* von Permutationen eine Einteilung von B^n in Klassen der folgenden Art: Zwei Vektoren v_1 und v_2 liegen genau dann in derselben Klasse, wenn es eine Permutation $\pi \in G^*$ gibt mit $v_2 = v_1\pi$. Man sagt dann „v_1 ist äquivalent zu v_2" ($v_1 \sim v_2$). Daß es sich hier tatsächlich um eine von der Gruppe G^* bestimmte Äquivalenzrelation handelt (reflexiv, symmetrisch, transitiv), ist wegen der Gruppeneigenschaft von G^* offensichtlich. Ist der Code L nun gegenüber der Permutationsgruppe G^* invariant, dann muß L aus einer Anzahl von durch G^* bestimmten Klassen von B^n bestehen. Nach Bemerkung 8a besteht dann auch der duale Code L' aus einer Anzahl von Klassen von B^n. Da L und L' nicht disjunkt sind, liegt mindestens eine Klasse von B^n sowohl in L als auch in L'.

Man nennt zwei Nebenklassen U_1 und U_2 eines Codes L genau dann äquivalent, wenn es eine Permutation π aus einer beliebigen Permutationsgruppe G^* gibt mit $U_1\pi = U_2$. Auch hier handelt es sich aus den gleichen Gründen wie oben um eine Äquivalenzrelation. Ist nun L wieder invariant gegenüber G^*, so verteilen sich auch die Nebenklassen auf einzelne Klassen; das folgt aus Bemerkung 8b und der Tatsache, daß sich jeder Nebenklassenvektor als Summe von einem (als fest gewählt zu denkenden) Nebenklassenanführer und einem Codevektor schreiben läßt.

Beispiel 2: Über dem Körper B wird die Menge aller Vektoren mit drei Koordinaten betrachtet:

$$B^3 = \{\,000, 100, 010, 110, 001, 101, 011, 111\,\}$$

und die Gruppe $G^* = \{\pi^0, \pi, \pi^2\}$ mit einer Permutation π, die die Koordinaten eines Vektors zyklisch um eine Stelle nach rechts versetzt. Die acht Vektoren von B^3 zerfallen durch die von G^* bestimmte Äquivalenzrelation in vier Klassen:

A:	000	B:	100	C:	110	D:	111
			010		011		
			001		101		

Der zyklische (3,2)-Code L (vgl. Definition 1.2; 6), der durch die Basismatrix

$$\begin{pmatrix} 110 \\ 101 \end{pmatrix}$$

bestimmt wird, besteht aus den Klassen A und C; er ist natürlich invariant gegenüber G^*. L hat nur zwei Nebenklassen; die eine ist der Code selbst, die andere besteht aus den Klassen B und D.

Eine weitere Feststellung ist noch wichtig: Sind U_1 und U_2 äquivalente Nebenklassen, so erscheint die Permutation eines minimalgewichtigen Elementes von U_1 in U_2 und umgekehrt, d.h., die beiden äquivalenten Nebenklassen U_1 und U_2 haben das gleiche Minimalgewicht.

Auf dem Vektorraum B^n, der ja bezüglich der Addition von Vektoren eine abelsche Gruppe ist, werden durch

$$c_v(v_1) = (-1)vv_1^T = 1 - 2(vv_1^T); \quad v, v_1 \in B^n$$

reellwertige Funktionen c von zwei Veränderlichen erklärt, die sogenannten *Charaktere* der additiven Gruppe von B^n (vgl. *van der Waerden* (1966)). vv_1^T ist das Skalarprodukt in B, die restliche Berechnung von c ist dann als Operation im R^1 zu verstehen. Diese Gruppencharaktere haben nun bemerkenswerte Eigenschaften, die schließlich auf eine Möglichkeit führen, das Nebenklassengewicht zu bestimmen.

Bemerkung 9: a) Die Gruppencharaktere genügen nach Definition offensichtlich der Symmetriebedingung

$$c_v(v_1) = c_{v_1}(v).$$

b) Es gilt

$$c_v(v_1 + v_2) = c_v(v_1)\, c_v(v_2)$$

und

$$c_{v_1 + v_2}(v) = c_{v_1}(v)\, c_{v_2}(v).$$

Das sieht man so:

$$c_v(v_1 + v_2) = (-1)^{v(v_1 + v_2)^T} = (-1)^{vv_1^T + vv_2^T} = (-1)^{vv_1^T}(-1)^{vv_2^T}$$

$$= c_v(v_1)\, c_v(v_2).$$

Der zweite Teil der Behauptung folgt sofort durch zweimalige Verwendung der Symmetrieeigenschaft. ∎

Bemerkung 10: a) $L \subset B^n$ sei ein (n, k)-Code, d.h. k-dimensionaler Unterraum von B^n, L' sei der zu L duale Code, d.h. der Orthogonalraum von L. Dann gilt:

$$\sum_{v \in L} c_v(v_1) = \begin{cases} 0, & v_1 \notin L' \\ 2^k, & v_1 \in L' \end{cases}.$$

Wenn nämlich $v_1 \in L'$ ist, gilt $vv_1^T = 0$ für alle $v \in L$; daher hat jeder Summand den Wert 1 und da L insgesamt 2^k Vektoren besitzt, ergibt sich in diesem Fall die Richtigkeit der behaupteten Gleichung. Im andern Fall gibt es mindestens ein $v \in L$ mit $vv_1^T = 1$. Die Menge aller $v \in L$ mit $vv_1^T = 0$ bildet nun offensichtlich einen Unterraum L^* von L und die Menge aller $v \in L$ mit $vv_1^T = 1$ ist eine Nebenklasse nach diesem Unterraum; denn aus $\bar{v}v_1^T = 1$ und $\bar{\bar{v}}v_1^T = 1$ folgt $(\bar{v} - \bar{\bar{v}})v_1^T = 0$, d.h. $\bar{v} - \bar{\bar{v}}$ ist ein Element von L^*. Daher gilt $vv_1^T = 0$ bzw. $vv_1^T = 1$ für jeweils die Hälfte der Vektoren aus L und das heißt, daß in der Summe jeweils die Hälfte der Summanden den Wert 1 bzw. -1 hat und daraus folgt sofort die Behauptung.

b) Es gelten die folgenden Orthogonalitätsrelationen

$$\sum_{v \in B^n} c_v(v_1)\, c_v(v_2) = 2^n \delta\,(v_1 + v_2)$$

mit

$$\delta\,(v_1 + v_2) = \begin{cases} 1, & v_1 + v_2 = \underline{0} \\ 0, & v_1 + v_2 \neq \underline{0} \end{cases}.$$

Nach Bemerkung 9 b) ist

$$c_v(v_1)\, c_v(v_2) = c_v(v_1 + v_2),$$

und damit folgt die Behauptung aus a), denn der Orthogonalraum von B^n besteht nur aus dem Nullvektor. Wegen der Symmetrie der Charaktere gilt natürlich auch

$$\sum_{v \in B^n} c_{v_1}(v)\, c_{v_2}(v) = 2^n \delta\,(v_1 + v_2). \quad \blacksquare$$

Die nachfolgende Aussage soll, obwohl es sich nicht um eine ‚codierungstheoretische‘ handelt, dennoch ihrer Wichtigkeit wegen als Satz formuliert werden; es handelt sich um die ‚Fourierdarstellung‘ einer reellwertigen Funktion einer Variablen über B^n:

Satz 4: *Jede reellwertige Funktion* $f: B^n \longrightarrow R^1$ *läßt sich in der Form*

$$f(v) = \sum_{v_1 \in B^n} a_{v_1} c_{v_1}(v)$$

schreiben; dabei gilt für die Koeffizienten

$$a_{v_1} = 2^{-n} \sum_{v \in B^n} f(v)\, c_{v_1}(v) \in R^1.$$

Beweis: Die Menge aller (reellwertigen) Funktionen f über B^n bildet hinsichtlich der üblichen Definition für die Vektoraddition und die Multiplikation von Vektor und Skalar einen Vektorraum über dem R^1 (vgl. *Hornfeck* (1973)). In ihm ist die Menge aller 2^n Funktionen h_{v_1} mit

$$h_{v_1}(v) = \delta\,(v + v_1)$$

linear unabhängig; das sieht man so: Sei $\alpha_i \in R^1$, $1 \leqslant i \leqslant 2^n$; es wird gezeigt, daß für alle $v_1 \in B^n$

$$\sum_{i=1}^{2^n} \alpha_i \delta(v^{(i)} + v_1) = 0$$

($v^{(i)}$ durchläuft dabei die 2^n Elemente von B^n) nur für $\alpha_i = 0$ für alle i richtig sein kann.
Wählt man nun für ein i als Element v_1 den Vektor $v^{(i)}$ – dann gilt ja $v^{(i)} + v_1 = 0$ –,
so folgt aus der Definition der Funktion δ sofort, daß $\alpha_i = 0$ sein muß. Also sind die 2^n
Funktionen h_{v_1} für alle $v_1 \in B^n$ linear unabhängig. Sie sind sogar eine Basis in dem von
den Funktionen f gebildeten Funktionenraum, denn für jede Funktion f gilt offensichtlich die Darstellung

$$f(v) = \sum_{v_1 \in B^n} f(v_1) h_{v_1}(v).$$

Die Dimension des Funktionenraums ist daher 2^n. Es gibt nun 2^n Charaktere $c_{v_1}(v)$, die
nach Bemerkung 10b) orthogonal und damit ebenfalls linear unabhängig sind. Auch sie
bilden damit eine Basis des Funktionenraums und jede Funktion f läßt sich als Linearkombination von ihnen schreiben; das ist der erste Teil der Behauptung.
Die Koeffizientenformel läßt sich verifizieren, wenn man in sie die Darstellung von $f(v)$
einsetzt und den entstehenden Ausdruck unter Verwendung von Bemerkung 10 b) um-
formt. ∎

Die Funktion, die bei einem gegebenen Linearcode $L \subset B^n$ jedem Vektor das Gewicht
der von ihm bestimmten Nebenklasse zuordnet – die also auf den jeweiligen Nebenklassen
konstant ist –, ist natürlich auch ein Element des im vorhergehenden Satz genannten
Funktionenraums und gestattet daher die angegebene ‚Fourierdarstellung‘. Diese Darstellung kann nun – und das ist die Aussage des folgenden Hauptsatzes – bei Linearcodes,
die gegenüber einer Permutationsgruppe G' invariant sind, bei denen G' also eine Symmetriegruppe ist, noch vereinfacht werden; das ist eine Folge der durch G' bestimmten
sogenannten Codesymmetrie.

Satz 5: *$L \subset B^n$ sei ein (n, k)-Code, L' sei sein dualer Code; die Permutationsgruppe G'
sei eine Symmetriegruppe von L. $f: B^n \longrightarrow R^1$ sei die Gewichtsfunktion, die damit auf
den jeweiligen Nebenklassen des Codes konstant ist und deren Werte gleich dem Minimalgewicht der Nebenklassenvektoren sind. Dann gilt in der Darstellung*

$$f(v) = \sum_{v_1 \in B^n} a_{v_1} c_{v_1}(v)$$

für die Fourierkoeffizienten:

$$a_{v_1} = 0 \qquad \textit{für} \qquad v_1 \notin L'$$

und

$$a_{v_1} = a_{v_1}\pi \qquad \textit{für alle} \qquad v_1 \in L' \qquad \textit{und alle} \qquad \pi \in G'.$$

Beweis: Satz 4 gibt die folgende Koeffizientenformel

$$a_{v_1} = 2^{-n} \sum_{v \in B^n} f(v) c_{v_1}(v).$$

Mit U_i, $1 \leqslant i \leqslant 2^{n-k}$ seien die Nebenklassen von L in B^n bezeichnet, der (bei einem speziellen Standardschema minimalgewichtige) Anführer der Nebenklasse U_i sei u_i. $f(U_i)$ ist der Wert, den f für ein $v \in U_i$ annimmt. Dann gilt nach Satz 4:

$$a_{v_1} = 2^{-n} \sum_i f(U_i) \sum_{v \in U_i} c_{v_1}(v)$$

$$= 2^{-n} \sum_i f(U_i) \sum_{v \in L} c_{v_1}(u_i + v).$$

Nach Bemerkung 9b) kann man diesen Ausdruck umformen in

$$a_{v_1} = 2^{-n} \sum_i f(U_i) c_{v_1}(u_i) \sum_{v \in L} c_{v_1}(v).$$

Nach Bemerkung 10a) gilt

$$\sum_{v \in L} c_{v_1}(v) = 0,$$

wenn $v_1 \notin L'$ ist — ein Teil der Behauptung ist also damit bewiesen —; ist dagegen $v_1 \in L'$, so hat diese Summe den Wert 2^k. Damit wird

$$a_{v_1} = 2^{-(n-k)} \sum_i f(U_i) c_{v_1}(u_i),$$

und daraus folgt dann bei Anwendung einer Permutation $\pi \in G'$ auf den Index-Vektor v_1 (denn $v_1 \in L' \Rightarrow v_1 \pi \in L'$)

$$a_{v_1 \pi} = 2^{-(n-k)} \sum_i f(U_i) c_{v_1 \pi}(u_i)$$

$$= 2^{-(n-k)} \sum_i f(U_i) c_{v_1}(u_i \pi^{-1})$$

letzteres wegen der Invarianz des Skalarprodukts gegen gleichzeitige und gleiche Permutation der Faktoren und wegen der Definition der Charaktere. Nun ist aber auch

$$f(U_i) = f(U_i \pi^{-1}),$$

da die beiden Nebenklassen U_i und $U_i \pi^{-1}$ äquivalent sind und daher gleiches Gewicht besitzen; die Menge aller Nebenklassen $U_i \pi^{-1}$ ist mit der Menge aller Nebenklassen U_i

identisch und man kann natürlich den Vektor $u_i \pi^{-1}$ zum Anführer der Nebenklasse $U_i \pi^{-1}$ wählen. Dann ist

$$a_{v_1 \pi} = 2^{-(n-k)} \sum_i f(U_i \pi^{-1}) c_{v_1}(u_i \pi^{-1})$$

$$= 2^{-(n-k)} \sum_i f(U_i) c_{v_1}(u_i)$$

$$= a_{v_1}.$$

Damit ist der Satz vollständig bewiesen. ∎

Dieser Hauptsatz zeigt, daß in der Fourierdarstellung der – allein interessierenden – Gewichtsfunktion nur einige, letztlich durch die Symmetriegruppe G' bestimmte Koeffizienten zu berechnen sind; die Berechnung der Charaktere zu einem gegebenen Vektor v ist sehr einfach.

Im allgemeinen muß man zur Ermittlung der Koeffizienten a_{v_1} für $v_1 \in L'$ zunächst eine Symmetriegruppe G' bestimmen (man kann z.B. die größte Symmetriegruppe G des Codes wählen); dann werden die hierdurch festgelegten Klassen in dem zum Code orthogonalen Vektorraum L' betrachtet. Jeder Klasse ist dann ein Koeffizient zugeordnet.

Auf weitere Einzelheiten dieses Decodierungsverfahrens, des Verfahrens der schrittweisen Decodierung, kann des einführenden Charakters dieser Darstellung wegen nicht eingegangen werden; generell wird auf *Peterson* (1967) und auf die dort zitierte Originalliteratur verwiesen. *Thomas* (1971) hat das Verfahren der schrittweisen Decodierung für den Fall nichtbinärer Linearcodes geschildert.

Natürlich gibt es außer den bisher beschriebenen und den in diesem Kapitel noch zu nennenden Linearcodes weitere Codes, für die dann auch spezielle Decodierungsverfahren entwickelt worden sind. Einige Hinweise auf solche Codearten findet man im Kapitel 5.

4.1.3. Beispiele für Linearcodes

In diesem Abschnitt sollen einige Beispiele für die in diesem Kapitel bisher behandelten Codetypen angegeben werden, weitere findet man im Kapitel 5.

Beispiel 1: In diesem Beispiel soll der Hamming-Code näher behandelt werden. Der Code wird am einfachsten durch Angabe einer ihn bestimmenden Kontrollmatrix H beschrieben: H sei eine Matrix aus m Zeilen und $2^m - 1$ Spalten, dabei sollen alle möglichen m-Tupel mit Ausnahme des Null-m-Tupels als Spaltenvektoren auftreten, d.h. keine zwei Spaltenvektoren sollen gleich sein und damit sind auch keine zwei Spaltenvektoren linear abhängig. Der Hamming-Code ist dann der Orthogonalraum der Matrix H. Seine Codevektoren haben die Länge $2^m - 1$, der Code besitzt m Kontrollstellen (Zahl der Zeilen von H) und deshalb $2^m - 1 - m$ Informationsstellen; ohne Beschränkung der Allgemeinheit kann man ihn als systematischen Code ansehen.

Das Minimalgewicht des Hamming-Codes ist mindestens 3 (vgl. Bemerkung 4.1.1; 2), d.h. mit diesem Code können alle einfachen Fehler erkannt und korrigiert werden. In der üblichen Bezeichnungsweise eines (n, k)-Codes ist hier:

$$n = 2^m - 1; \quad k = 2^m - 1 - m.$$

Die $2^m - 1$ einfachen Fehler müssen in verschiedenen Nebenklassen liegen, denn sonst müßte ein Codevektor mit dem Hamming-Gewicht 2 existieren. Es gibt nun insgesamt $2^{n-k} = 2^m$ Nebenklassen, d.h. wählt man ein spezielles Standardschema, so ist der Hamming-Code ein perfekter Code.

Für eine beliebige Codewortlänge n bestimmt man einen Hamming-Code folgendermaßen: Man stellt die Kontrollmatrix H für das kleinste m auf, das der Beziehung $2^m - 1 \geqslant n$ genügt. In der Matrix H streicht man dann alle Spalten bis auf n (es spielt keine Rolle, welche Spalten gestrichen werden). Der resultierende Code hat natürlich als Minimalgewicht immer noch mindestens 3. Er läßt sich so wählen, daß er quasi-perfekt wird.

Jetzt werde ein Codevektor $v \in L$ übertragen und es trete dabei ein einfacher Fehler auf, d.h. der Vektor

$$u = v + e \in B^n$$

werde empfangen. Der Vektor e hat nur an der gestörten Stelle eine 1, alle anderen Koordinaten verschwinden. Dann erhält man den Korrektor

$$uH^T = (v + e)H^T = vH^T + eH^T = eH^T.$$

Das ist aber gerade die Zeile von H^T, die der gestörten Koordinate von v entspricht. Der Fehler läßt sich so sehr einfach finden und durch Änderung der entsprechenden Koordinate im empfangenen Vektor u korrigieren. Dieses Verfahren kann man noch weiter schematisieren: Als i-te Spalte von H kann man die Dualdarstellung der Zahl i wählen, dann gibt der Korrektor die Dualdarstellung der fehlerhaften Position an (vgl. *Peterson* (1967)).

Das soll an einem expliziten Beispiel noch näher erläutert werden: Für $m = 3$ $(n = 2^3 - 1 = 7)$ kann man die Kontrollmatrix H folgendermaßen wählen — die Spalten sind jetzt die Dualdarstellungen der Zahlen $1, 2, \ldots, 7$:

$$H = \begin{bmatrix} 0 & 0 & 0 & 1 & 1 & 1 & 1 \\ 0 & 1 & 1 & 0 & 0 & 1 & 1 \\ 1 & 0 & 1 & 0 & 1 & 0 & 1 \end{bmatrix}$$

Verwandelt man den hierdurch bestimmten Code in einen systematischen Code, so verliert er natürlich die oben erwähnte angenehme Eigenschaft. Man führt deshalb die Spaltenpermutation am Code nicht durch, d.h. man verwendet im Codewort nicht die letzten drei, sondern die erste, zweite und vierte Koordinate als Kontrollstellen p_1, p_2, p_3. Ein Codewort sieht dann so aus:

$$p_1 p_2 a_1 p_3 a_2 a_3 a_4.$$

Die a_i sind die Informationsstellen; es muß für einen Codevektor gelten:

$$p_1 = a_1 + a_2 + a_4$$
$$p_2 = a_1 + a_3 + a_4$$
$$p_3 = a_2 + a_3 + a_4 \ .$$

Sendet man etwa den Codevektor $v = 0111100$ (es ist $vH^T = \underline{0}$) und empfängt den Vektor $u = 0111000$, so erhält man den Korrektor

$$uH^T = 101 \ .$$

Das ist die Dualdarstellung der Zahl 5, d.h. die fünfte Koordinate von v ist gestört und durch Abänderung ihres Wertes leicht zu korrigieren.

Beispiel 2: Es gilt — wie man leicht nachrechnen kann — die folgende Beziehung

$$\binom{23}{0} + \binom{23}{1} + \binom{23}{2} + \binom{23}{3} = 2^{11} \ .$$

Diese Beziehung bedeutet (vgl. Satz 4.1.1; 3), daß ein perfekter (23, 12)-Code existiert, mit dem alle Kombinationen von drei oder weniger Fehlern erkannt und korrigiert werden können. Die genannte Beziehung wurde von *Golay* gefunden, der Code ist dann auch nach ihm benannt. Dieser (23, 12)-Code von *Golay* ist zugleich ein Beispiel für eine wichtige Teilklasse der Linearcodes, nämlich für die zyklischen Codes, auf die im nächsten Abschnitt eingegangen werden soll.

Beispiel 3: Weitere wichtige Klassen von Linearcodes gehen auf *Reed-Muller* bzw. *MacDonald* zurück; auf Einzelheiten dieser Codes kann hier nicht eingegangen werden, man findet sie bei *Peterson* (1967) und in den dort angegebenen Originalarbeiten.

4.2. Zyklische Codes

In der Definition 1.2; 6 sind die zyklischen Codes bereits erklärt worden; es handelt sich dabei um spezielle Linearcodes, die die folgende Eigenschaft haben: Wenn $v = a_1 a_2 \dots a_n$ Codevektor ist, dann ist auch $v' = a_n a_1 \dots a_{n-1}$ Codevektor.

Der Grund des besonderen Interesses an Linearcodes mit dieser speziellen Struktur ist die Tatsache, daß die zyklischen Codes sich in technischen Systemen relativ einfach darstellen lassen. Auf technische Einzelheiten einer solchen Realisierung durch lineare Schaltkreise soll hier nicht eingegangen werden — man findet sie in der entsprechenden Literatur über Nachrichtentechnik; Einführungen in diesen Problemkreis enthalten auch *Berlekamp* (1968), *Peterson* (1967) und *Whitesitt* (1970).

Die Theorie der zyklischen Codes ist sehr weit entwickelt — daher kann und soll hier nur eine sehr knappe Einführung in diesen Problemkreis gegeben werden; eine ausführlichere Darstellung würde den Rahmen dieses Bändchens bei weitem sprengen. Eine ausgezeichnete und sehr weitreichende Darstellung der Theorie der zyklischen Codes findet man bei *Berlekamp* (1968), wo fast ausschließlich zyklische Codes behandelt werden. In der allgemeinen Theorie der zyklischen Codes werden bisher noch nicht verwendete algebraische Hilfsmittel benutzt.

In dieser Theorie der zyklischen Codes wird ein n-Tupel, also ein Vektor aus B^n, als Folge der Koeffizienten eines Polynoms (höchstens) vom Grade $n - 1$ über dem Körper $B = GF(2) = \{0, 1 ; + , \cdot\}$ aufgefaßt. Dem n-Tupel [1])

$$v = a_0 a_1 \ldots a_{n-1} \in B^n; \quad a_i \in B$$

entspricht also eineindeutig ein Polynom in einer Unbestimmten

$$f(x) = a_0 + a_1 x + \ldots + a_{n-1} x^{n-1} .$$

Die zur Behandlung der Theorie notwendigen algebraischen Hilfsmittel sollen — wie es ja schon mehrfach geschehen ist — hier wieder in Bemerkungen formuliert werden.

Bemerkung 1: (Vgl. z.B. *Hornfeck* (1973)) Der Körper $B = \{0, 1 ; + , \cdot\}$ ist insbesondere ein kommutativer Ring. $R \supset B$ sei nun ein kommutativer Ring mit dem Einselement $1 \in B$. Mit $x \in R$ heißt der Ausdruck

$$f(x) = a_0 + a_1 x + \ldots + a_n x^n \in R; \quad a_i \in B, \ a_n = 1$$

dann ein normiertes Polynom n-ten Grades in x mit Koeffizienten aus B. Die Menge aller solcher normierten Polynome mit Koeffizienten aus B $(n \geqslant 0)$ wird mit $B(x)$ bezeichnet. In üblicher Weise läßt sich in $B(x)$ eine Addition und eine Multiplikation erklären:

$$\sum_{i=0}^{n} a_i x^i + \sum_{i=0}^{m} a_i' x^i = \sum_{i=0}^{k} (a_i + a_i') x^i; \quad k = \max(n, m)$$

$$\sum_{i=0}^{n} a_i x^i \cdot \sum_{j=0}^{m} a_j' x^j = \sum_{k=0}^{n+m} b_k x^k; \quad b_k = a_0 a_k' + a_1 a_{k-1}' + \ldots + a_k a_0' .$$

Das — additive — Inverse eines Polynoms $f(x) \in B(x)$ ist das Polynom $-f(x)$, im vorliegenden binären Fall ist natürlich $-f(x) = f(x)$. Mit den so erklärten Verknüpfungen bildet $B(x)$ offensichtlich einen Ring, genauer einen kommutativen Unterring von R mit dem Einselement $1 \in B$. Man nennt $B(x)$ auch Polynomring über dem Körper B. Die Körperelemente selbst sind Polynome vom Grade 0. Seien $f(x), g(x), h(x)$ Polynome aus $B(x)$ und $f(x) = g(x)h(x)$; dann heißen $g(x)$ und $h(x)$ Teiler von $f(x)$. Ein Polynom $f(x)$ mit dem Grad n, das durch kein Polynom mit dem Grade k mit $0 < k < n$ teilbar ist, heißt irreduzibel über B oder kurz irreduzibel. Der größte gemeinsame Teiler (ggT) zweier Polynome ist das Polynom mit größtmöglichem Grade, das Teiler beider Polynome ist. Zwei Polynome heißen relativ prim, wenn ihr ggT gleich $1 \in B$ ist.

Zu jedem Paar $f(x), g(x) \in B(x)$ mit $g(x) \neq 0$ [2]) gibt es genau ein weiteres Paar, den Quotienten $q(x) \in B(x)$ und den Rest $r(x) \in B(x)$ mit

$$f(x) = g(x) q(x) + r(x)$$

---

[1]) Die Änderung in der Indizierung der Koordinaten ist hier offensichtlich zweckmäßig.

[2]) Mit dieser Schreibweise meint man üblicherweise $g(x) \not\equiv 0$; entsprechend meint man mit $g(x) = 0$: $g(x) \equiv 0$.

und

$$r(x) = 0$$

oder

$$\text{Grad } r(x) < \text{Grad } g(x).$$

Die Existenz der Polynome $q(x)$ und $r(x)$ kann mit Hilfe der bekannten gewöhnlichen Polynomdivision gezeigt werden; die Eindeutigkeit zeigt man mit einem Widerspruchsbeweis (vgl. z.B. *Hornfeck* (1973)). Das verwendete Divisionsverfahren heißt Euklidischer Algorithmus.

Verwendet man als Divisor $g(x)$ ein Polynom vom Grade 1, also $g(x) = x - b$, $b \in B$, so folgt, daß dann immer $r(x) = 0$ oder $r(x) = 1$ gelten muß. Den ggT $d(x)$ zweier Polynome $f(x)$ und $g(x)$ kann man stets in der Form

$$d(x) = a(x)\,f(x) + b(x)\,g(x); \quad a(x), b(x) \in B(x)$$

schreiben, wie man in üblicher und bekannter Weise aus dem Divisionsalgorithmus ablesen kann. ∎

Bemerkung 2: Unter einem Ideal I eines kommutativen Ringes R versteht man eine Untermenge von Elementen des Ringes mit den Eigenschaften:

1. I ist Untergruppe der additiven Gruppe von R.

2. Für $a \in I$ und $r \in R$ gilt $ar\,(= ra) \in I$.

Wegen 1. kann man Nebenklassen des Ideals I in R bilden, diese Nebenklassen heißen hier Restklassen. Die Elemente des Ringes kann man dann in einem (ggf. sogar überabzählbaren) Schema anordnen, das dem in den vorhergehenden Abschnitten verwendeten Standardschema entspricht. Die Eigenschaften des Standardschemas gelten natürlich auch für dieses Schema; insbesondere sind also zwei Restklassen entweder disjunkt oder identisch. Jedes Ringelement r bestimmt damit eindeutig eine Restklasse $\langle r \rangle$; man nennt r auch einen Repräsentanten dieser Restklasse.

Für die Restklassen erklärt man durch

$$\langle r \rangle + \langle s \rangle = \langle r + s \rangle$$

und

$$\langle r \rangle \langle s \rangle = \langle rs \rangle$$

eine Addition und eine Multiplikation. Das Verknüpfungsergebnis ist unabhängig von der Wahl des Repräsentanten der Restklasse: r' und s' seien andere Repräsentanten der entsprechenden Restklassen, dann gilt:

$$r + s - (r' + s') = r - r' + s - s'$$

und

$$rs - r's' = rs - rs' + rs' - r's' = r(s - s') + s'(r - r').$$

Die rechten Seiten sind jeweils Elemente des Ideals; das bedeutet aber, daß $r + s$ und $r' + s'$ bzw. rs und $r's'$ Repräsentanten derselben Restklasse sind. Die beiden erklärten (kommutativen) Operationen sind assoziativ und die Multiplikation ist distributiv über der Addition, wie man durch Nachrechnen leicht verifizieren kann. Das bedeutet dann, daß die Restklassen eines Ringes bezüglich eines Ideals wieder einen Ring bilden; diesen Ring nennt man Restklassenring.

Für den Ring Z der ganzen Zahlen kann man leicht zeigen, daß eine Menge von ganzen Zahlen genau dann ein Ideal I bildet, wenn sie aus allen Vielfachen einer ganzen Zahl besteht. Das sieht man folgendermaßen:
α sei die kleinste positive Zahl eines Ideals und s sei eine andere Zahl dieses Ideals I. Dann ist auch $d = (\alpha, s) \in I$, denn der ggT läßt sich ja so darstellen

$$d = a\alpha + bs; \quad a, b \in Z,$$

wie aus dem Euklidischen Algorithmus folgt. Dann gilt: $d \leqslant \alpha$ und $\alpha \leqslant d$, also ist $d = \alpha$ und α teilt s, d.h. alle Elemente von I sind Vielfache von α. Andererseits ist natürlich eine Menge, die nur aus Vielfachen einer Zahl α besteht, ein Ideal. Ein solches Ideal heißt Hauptideal; ein Ring, in dem jedes Ideal Hauptideal ist, heißt Hauptidealring. Der Ring der ganzen Zahlen ist daher ein Hauptidealring; der Restklassenring für ein $\alpha \in Z$ wird mit Z_α bezeichnet — dieser Ring wurde auch schon im Kapitel 3 benutzt.

Jede Restklasse (man spricht von Restklassen mod α) enthält entweder die Null — dann ist sie identisch mit dem Ideal — oder eine positive Zahl, die kleiner ist als α. Sei nämlich s ein Element einer Restklasse, dann liegt wegen

$$s = m\alpha + r, \quad 0 \leqslant r < \alpha$$

r in derselben Restklasse. Jede der positiven Zahlen $r < \alpha$ liegt in einer anderen Restklasse; denn seien $r, s < \alpha$; $r \neq s$ Elemente derselben Restklasse, so müßte $r - s$ ein Element des Ideals sein, d.h. $r - s = 0$ gelten oder α ein Teiler von $(r - s)$ sein, und das ist ein Widerspruch. Als Repräsentanten der Restklassen kann man also stets die Zahlen $0, 1, \ldots, \alpha - 1$ wählen.

Alle eben erhaltenen Aussagen über den Ring Z der ganzen Zahlen kann man auch für den Polynomring $B(x)$ zeigen, wenn man „ganze Zahl" durch „Polynom", „a < b" durch „Grad a(x) < Grad b(x)" ersetzt. Es gilt dann also: Eine Untermenge von Polynomen ist genau dann ein Ideal in $B(x)$, wenn sie aus allen Vielfachen eines Polynoms $f(x)$ besteht, d.h. ein Polynomring ist ein Hauptidealring.

Der Restklassenring, der durch dieses Ideal gebildet wird, heißt Polynomring mod $f(x)$. Für ihn gilt noch: Jede Restklasse enthält entweder die Null — dann ist sie wieder identisch mit dem Ideal — oder ein Polynom mit einem Grad, der kleiner ist als Grad $f(x)$. Jedes Polynom mit einem Grad kleiner Grad $f(x)$ liegt in einer anderen Restklasse. Als Repräsentanten der Restklasse wählt man im allgemeinen stets ein Polynom mit niedrigstem Grad aus der Restklasse; die Repräsentanten bilden dann, falls Grad $f(x) = n$ ist, eine Folge von Polynomen mit dem Grad $0, 1, \ldots, n - 1$. ∎

Bemerkung 3: Eine *lineare Algebra* A über einem Körper B ist durch folgende Bedingungen definiert:

1. A ist ein linearer Raum über B.
2. Zu je zwei Elementen $u, v \in A$ existiert ein Produkt $uv \in A$, das assoziativ ist.

3. Seien $b_1, b_2 \in B$; $u, v, w \in A$, dann gilt das sogenannte Bilinearitätsgesetz

$$u(b_1 v + b_2 w) = b_1 uv + b_2 uw \quad \text{bzw.}$$
$$(b_1 v + b_2 w)u = b_1 vu + b_2 wu \,.$$

Ferner hat man die folgende Aussage: Die Polynomrestklassen, d.h. der Polynomring mod $f(x)$ mit Grad $f(x) = n$ bilden eine (kommutative) lineare Algebra A der Dimension n (n ist die Dimension des linearen Raumes) über dem Körper $B = \{0, 1\,; +, \cdot\,\}$. Die Multiplikation einer Restklasse $\langle r(x) \rangle$ mit einem Skalar $b \in B$ wird dabei natürlicherweise wie folgt definiert:

$$b \langle r(x) \rangle = \langle b\, r(x) \rangle \,.$$

Die Axiome des linearen Raumes und der linearen Algebra sind leicht zu verifizieren. Daß $\dim(A) = n$ ist, ergibt sich aus der Tatsache, daß die Restklassen

$$\langle x^0 \rangle, \langle x^1 \rangle, \ldots, \langle x^{n-1} \rangle$$

einen linearen Raum aufspannen, denn jede Restklasse enthält ein Polynom mit einem Grad kleiner als n und die angegebenen n Restklassen sind linear unabhängig. ∎

Für die Zwecke dieses Abschnitts, d.h. für die Behandlung der zyklischen Codes, wird das in den vorhergehenden Bemerkungen verwendete Polynom $f(x)$ spezialisiert zu

$$f(x) = x^n - 1 \,.$$

Die n-Tupel $v \in B^n$ werden jetzt als Elemente einer Algebra A_n aus Polynomen $\mathrm{mod}(x^n - 1)$ aufgefaßt. Es gibt dann eine eineindeutige Zuordnung zwischen den n-Tupeln und den Polynomen, deren Grad kleiner als n ist, und damit auch zwischen den n-Tupeln und den Restklassen.

Ein Linearcode ist ein Unterraum des linearen Raumes B^n, ein zyklischer Code wird deshalb auch zyklischer Unterraum genannt. Der folgende Satz sichert die Existenz zyklischer Codes; er kann in diesem Sinne als Hauptsatz der Theorie der zyklischen Codes bezeichnet werden:

Satz 1: *In der Algebra A_n aus Polynomen $\mathrm{mod}(x^n - 1)$ ist ein Unterraum genau dann zyklisch – es existiert also genau dann ein zyklischer Code – wenn dieser Unterraum ein Ideal ist.*

Beweis: Die Multiplikation eines Polynoms vom Grade $n - 1$ mit x ist gleichbedeutend mit einer *zyklischen Verschiebung*:

$$x(a_0 + a_1 x + \ldots + a_{n-1} x^{n-1}) = a_{n-1} + a_0 x + \ldots + a_{n-1}(x^n - 1),$$

d.h. für die Multiplikation der entsprechenden Restklassen gilt

$$\langle x \rangle \langle a_0 + a_1 x + \ldots + a_{n-1} x^{n-1} \rangle = \langle a_{n-1} + a_0 x + \ldots + a_{n-2} x^{n-1} \rangle \,.$$

Falls nun der Unterraum L von A_n ein Ideal ist, so folgt mit $v \in L$: $\langle x \rangle v \in L$. $\langle x \rangle v$ aber ist eine zyklische Verschiebung des n-Tupels v, d.h. L ist ein zyklischer Unterraum.

Nun sei L ein zyklischer Unterraum; zu zeigen ist, daß L dann ein Ideal ist: Aus $v \in L$ folgt $\langle x \rangle v \in L$ und daraus $\langle x \rangle^i v = \langle x^i \rangle v \in L$ $(0 \leqslant i \leqslant n - 1)$. Weil L Unterraum ist, liegt auch jede Linearkombination

$$\sum_{i=0}^{n-1} c_i \langle x^i \rangle v = \langle \sum_{i=0}^{n-1} c_i x^i \rangle v$$

in L, d.h. jedes Produkt aus einem Element von L und einem Element der Algebra A_n gehört zu L. Dann ist L aber ein Ideal. ∎

Bevor über die Struktur des zyklischen Unterraumes weiteres gesagt werden kann, ist noch eine Bemerkung notwendig:

Bemerkung 4: I sei ein Ideal in der Algebra A von Polynomen mod $f(x)$. $g(x) \neq 0$ sei ein Polynom niedrigsten Grades, für das $\langle g(x) \rangle \subset I$ gilt. Die von einem Polynom $h(x)$ bestimmte Restklasse $\langle h(x) \rangle$ liegt genau dann ebenfalls in I, falls das Polynom $g(x)$ das Polynom $h(x)$ teil. Dann teilt $g(x)$ auch $f(x)$.
Man zeigt diese Behauptungen so: Es ist

$$h(x) = g(x) q(x) + r(x), \text{ Grad } r(x) < \text{Grad } g(x)$$
$$\langle h(x) \rangle = \langle g(x) \rangle \langle q(x) \rangle + \langle r(x) \rangle .$$

Seien nun $\langle h(x) \rangle, \langle g(x) \rangle \subset I$, dann folgt aus

$$\langle h(x) \rangle - \langle g(x) \rangle \langle q(x) \rangle = \langle r(x) \rangle ,$$

daß $r(x) = 0$ ist, denn $g(x) \neq 0$ sollte ein Polynom niedrigsten Grades mit $\langle g(x) \rangle \subset I$ sein. Also ist $g(x)$ ein Teiler von $h(x)$. Ist umgekehrt $g(x)$ ein Teiler von $h(x)$, so gilt $\langle h(x) \rangle = \langle g(x) \rangle \langle q(x) \rangle$, d.h. liegt $\langle g(x) \rangle$ in I, so liegt auch $\langle h(x) \rangle$ in I. — Nach dem Euklidischen Algorithmus ist wieder

$$f(x) = g(x) q(x) + r(x), \text{ Grad } r(x) < \text{Grad } g(x).$$

Dann ist auch

$$\langle 0 \rangle = \langle f(x) \rangle = \langle g(x) \rangle \langle q(x) \rangle + \langle r(x) \rangle ,$$

und $\langle r(x) \rangle$ liegt in I. Wegen der Bedingung für die Grade der Polynome ist wieder $r(x) = 0$, d.h. $g(x)$ teilt $f(x)$.

Zu jedem Ideal I in einer Algebra A von Polynomen mod $f(x)$ gibt es nun genau ein Polynom $g(x)$ von kleinstem Grad mit $\langle g(x) \rangle \subset I$. Es existiert nämlich mindestens ein Polynom $g(x)$ von kleinstem Grad mit der angegebenen Eigenschaft und wenn es zwei derartige Polynome gäbe, so müßte nach der vorhergehenden Aussage jedes ein Teiler des anderen sein und das bedeutet, daß sie identisch sind.

Jedes Polynom $g(x)$, das $f(x)$ teilt, erzeugt ein Ideal I, in dem $g(x)$ das Polynom niedrigsten Grades mit $\langle g(x) \rangle \subset I$ ist, denn der Polynomring ist Hauptidealring. I besteht also aus allen Vielfachen von $g(x)$. Sei $\langle r(x) \rangle \subset I$, dann ist mit einem Polynom $a(x)$:

$$\langle r(x) \rangle = \langle g(x) \rangle \langle a(x) \rangle = \langle g(x) a(x) \rangle .$$

Für ein bestimmtes Polynom $b(x)$ muß dann gelten

$$r(x) = g(x)\,a(x) + f(x)\,b(x).$$

Aus $g(x)$ teilt $f(x)$ folgt $g(x)$ teilt $r(x)$. Falls also $r(x) \neq 0$ ist, so ist Grad $r(x) \geqslant$ Grad $g(x)$, d.h. aber wieder, daß $g(x)$ das Polynom mit niedrigstem Grad mit $\langle g(x) \rangle \subset I$ ist.

Schließlich soll noch die folgende wichtige Aussage gezeigt werden: Es sei $f(x) = g(x)h(x)$ mit Grad $f(x) = n$, Grad $h(x) = k < n$. Das von $\langle h(x) \rangle$ in der Algebra von Polynomen mod $f(x)$ erzeugte Ideal I hat dann die Dimension k. – Die Elemente $\langle x^0 g(x) \rangle, \langle x^1 g(x) \rangle,$ $\ldots, \langle x^{k-1} g(x) \rangle$ sind nämlich linear unabhängig; jede Linearkombination hat die Form

$$\langle (a_0 + a_1 x + \ldots + a_{k-1} x^{k-1}) g(x) \rangle,$$

und diese Restklasse kann nicht gleich $\langle 0 \rangle$ sein, denn die Restklassen $\langle x^i g(x) \rangle$, $i = 0, 1, \ldots, k - 1$ enthalten ein Polynom mit einem Grad kleiner n. Ist $\langle s(x) \rangle \subset I$, so ist nach einer der obigen Aussagen $g(x)$ ein Teiler von $s(x)$; ist $s(x)$ in seiner Restklasse das Polynom von kleinstem Grad, dann gilt Grad $s(x) < n$. Dann ist

$$s(x) = g(x)\,q(x) = g(x)\,(q_0 + q_1 x + \ldots + q_{k-1} x^{k-1})$$

und damit

$$\langle s(x) \rangle = q_0 \langle x^0 g(x) \rangle + q_1 \langle x^1 g(x) \rangle + \ldots + q_{k-1} \langle x^{k-1} g(x) \rangle.$$

Die k Elemente $\langle x^0 g(x) \rangle, \langle x^1 g(x) \rangle, \ldots, \langle x^{k-1} g(x) \rangle$ spannen also das Ideal I auf, daher gilt $\dim(I) = k$.

Das Polynom $g(x)$ von kleinstem Grad, dessen Restklasse $\langle g(x) \rangle$ in I liegt, heißt *Basispolynom* des Ideals. ∎

Die letzten Überlegungen können nun auf den Fall des zyklischen Unterraumes angewandt werden: Jedes Polynom $g(x)$, das Teiler von $f(x) = x^n - 1$ ist, erzeugt ein anderes Ideal in der Algebra A_n und damit einen anderen zyklischen Code. Das Polynom $g(x)$ heißt Basispolynom des Ideals und damit auch Basispolynom des zyklischen Codes.

Ein zyklischer Code wird damit vollständig bestimmt durch ein Polynom $g(x)$, das Teiler von $x^n - 1$ ist. Ist Grad $g(x) = r \leqslant n$, so hat der Code die Dimension $k = n - r$; er ist dann ein (n, k)-Code.

Beispiel 1: In $B(x)$ gilt

$$1 - x^7 = (1 - x)(1 + x + x^3)(1 + x^2 + x^3).$$

Das Polynom $g(x) = 1 + x^2 + x^3$ erzeugt dann einen zyklischen $(7, 4)$-Code. Als Basisvektoren des Codes kann man die folgenden Elemente verwenden:

$g(x)$	1	0	1	1	0	0	0
$xg(x)$	0	1	0	1	1	0	0
$x^2 g(x)$	0	0	1	0	1	1	0
$x^3 g(x)$	0	0	0	1	0	1	1

Der Code ist orthogonal zu dem durch

$$h(x) = (1 - x)(1 + x + x^3) = 1 + x^2 + x^3 + x^4$$

erzeugten Ideal. Man kann daher

$$H = \begin{bmatrix} 0 & 0 & 1 & 1 & 1 & 0 & 1 \\ 0 & 1 & 1 & 1 & 0 & 1 & 0 \\ 1 & 1 & 1 & 0 & 1 & 0 & 0 \end{bmatrix}$$

als Kontrollmatrix benutzen.

Die zyklischen Codes haben — wie schon erwähnt — in den Anwendungen wegen ihrer relativ einfachen technischen Realisierung eine große praktische Bedeutung; deshalb sind zyklische Codes auch sehr ausführlich untersucht worden. Eine wichtige Klasse von zyklischen Codes sind die sogenannten Bose-Chaudhuri-Codes. Die Bose-Chaudhuri-Codes bestimmt man durch Angabe der Wurzeln ihres Basispolynoms; diese Wurzeln liegen im allgemeinen in einem Oberkörper von B. Auf nähere Einzelheiten soll hier nicht eingegangen werden, sie werden z.B. in den Büchern von *Berlekamp* (1968) und *Peterson* (1969) behandelt.

5. Abschließende Betrachtungen

5.1. Einige grundsätzliche Bemerkungen

Die Kapitel 2 und 4 dieses Buches befassen sich mit der statistischen bzw. algebraischen Codierungstheorie. Bei den Codes, die der letzteren angehören, hat man um Übertragungsfehler erkennen oder auch korrigieren zu können, die Bildmenge des zugrunde gelegten Codes in einer bestimmten Weise strukturiert. Es zeigte sich, daß als eine solche Struktur ein Teilraum des (arithmetischen) Vektorraums B^n über $B = \{0, 1\}$ [1]) sehr geeignet ist. Diese Strukturierung der Bildmenge L des Linearcodes wurde im Kapitel 4 von Anfang an vorausgesetzt; natürlich kann man auch — und zwar dann in direkter Fortsetzung der Betrachtungen von Abschnitt 1.2 — zunächst auf eine Strukturierung der Bildmenge verzichten, d.h. eine allgemeinere Theorie verfolgen.

Eine *allgemeine* Codierungstheorie — die so, wie im vorstehenden angedeutet, aufgebaut ist — ist natürlich nichts anderes als eine Theorie der Übertragungskanäle (ohne bzw. mit Gedächtnis) und damit ein Teilgebiet der eigentlichen Informationstheorie (vgl. dazu *Gallager* (1968), *Henze/Homuth* (1970), *Jelinek* (1968), u.a.); dieser Problemkreis wird ausführlich bei *Wolfowitz* (1964) behandelt. *Berlekamp* (1969) nennt Ergebnisse aus diesem Gebiet *nichtkonstruktiv* — im wesentlichen im Hinblick auf die Tatsache, daß die Beweise der Shannonschen Sätze nichtkonstruktiv sind. Natürlich enthält die Informationstheorie, und damit diese allgemeine Codierungstheorie, auch konstruktive Ergebnisse (vgl. dazu *Wolfowitz* (1964) u.a.). In diesem Sinne ist die hier behandelte Codierungstheorie, insbesondere Kapitel 4, eine konstruktive Theorie — man kann allerdings i.a. nicht angeben, wie nahe die verwendeten Codes den im Sinne der Shannonschen Sätze optimalen Codes liegen. Die Behandlung solcher speziellen Codes hängt natürlich sehr eng mit den Eigenschaften der zugrunde gelegten Kanäle zusammen; im Kapitel 4 ist lediglich im Zusammenhang mit der Maximum-Likelihood-Decodierung ein spezieller Kanal, der sogenannte symmetrische Binärkanal verwendet worden. Auf diese — der eigentlichen Informationstheorie angehörigen — Problemkreise soll hier nicht weiter eingegangen werden.

Einige der im vorstehenden behandelten Codes, etwa die speziellen Codes des Kapitels 3 — aber natürlich auch andere — haben unmittelbar die Struktur von *Automatenabbildungen;* das sind spezielle Wortfunktionen, die der Bedingung der Längentreue und der Bedingung, daß das Bild eines Produktes von Wörtern mit dem Bild des ersten Faktors beginnt, genügen. Solche Codes lassen sich in geeigneten Automaten darstellen und diese Automaten sind dann Modelle von *Codiergeräten.* Näheres zu diesem Problemkreis vgl. *Homuth* (in Vorb.).

Im Kapitel 4 ist lediglich der wichtigste Fall der Binärcodes behandelt worden; den allgemeineren Fall von Linearcodes, die Unterräume des arithmetischen Vektorraums über einem Körper $K_p = GF(p)$ (p Primzahl) sind, findet man in der Literatur, z.B. bei *Peterson* (1967). — Auf einige besondere Eigenschaften von schon behandelten Codes wird im nächsten Abschnitt knapp eingegangen.

---

[1]) Falls Binärcodes zugrunde gelegt werden.

5.2. Praktische Eigenschaften einiger behandelter Codes

Im Abschnitt 1.2 sind als Beispiele die folgenden Codes genannt worden:

Dualcode

Dezimal-dualer Code, Dreiexzeßcode, Aiken-Code.

Einige praktische Eigenschaften von solchen Codes sollen hier noch näher behandelt werden (vgl. etwa *Denis-Papin/Cullmann* (1971), *Klaus* (1969), *Steinbuch* (1962)).

Bei den drei letzten der genannten Codes handelt es sich um Blockcodes: jede Dezimalziffer wird durch eine vierstellige Dualzahl dargestellt. Dabei ist im Fall des dezimal-dualen Codes für die Dezimalziffer x die duale Darstellung

$$x = a_3 2^3 + a_2 2^2 + a_1 2^1 + a_0 2^0$$

$$x \mathrel{\hat=} a_3 a_2 a_1 a_0 \qquad (a_3, \ldots, a_0 \in \{0, 1\})$$

zu setzen; man nennt diesen Code deshalb auch den Code mit den Gewichten 8.4.2.1..

Ein anderer Code — das sogenannte Neuner-Komplement, der in umgekehrter Anordnung die gleichen Dualzahlen verwendet, läßt sich im Zusammenhang mit dem eben beschriebenen dezimal-dualen Code besonders einfach bei der Subtraktion zweier Dezimalzahlen N_1, N_2 (beide kleiner als 1) verwenden — man ersetzt dabei die Subtraktion durch eine Addition:

$$D = N_1 - N_2 = N_1 + (1 - N_2) - 1.$$

N_1 und N_2 mögen je n Dezimalziffern nach dem Komma haben; dann schreibt man

$$1,00 \ldots 0 - N_2 = 0,99 \ldots 9 - N_2 + 0,0 \ldots 01;$$

dabei habe jede Dezimalziffer n Stellen nach dem Komma. Dann hat man offenbar die folgende Regel: Zum Bilden der Differenz $N_1 - N_2$ nimmt man das Neuner-Komplement von N_2 und addiert es zu N_1; erhält man eine Zahl größer 1, so ist $N_1 - N_2$ positiv. Man läßt die führende 1 vor dem Komma weg und addiert eine 1 zur letzten Ziffer der Summe — dann hat man die gesuchte Differenz. Hat die Summe aber eine führende Null vor dem Komma, so ist die Differenz negativ — den Absolutbetrag der Differenz erhält man dann als Neuner-Komplement der Summe (nach Addition der 1 auf die letzte Stelle). Bei geeigneter Darstellung ist dieses Verfahren natürlich auch bei der Bildung von Differenzen von Zahlen größer 1 anwendbar.

Diese hier geschilderte Neuner-Komplementierung wird im allgemeinen auch in geeigneter Weise bei den anderen Codes verwendet. Beim Dreiexzeßcode z.B. läßt sich die Neuner-Komplementierung einer Dezimalziffer z besonders einfach durchführen: das Codewort von 9 − z geht aus dem Codewort von z dadurch hervor, daß man Einsen und Nullen vertauscht (bitweise Negation, vgl. Codetabelle). Codes mit solcher Eigenschaft heißen *symmetrische Codes.* Auch der Aiken-Code ist ein symmetrischer Code.

Es gibt noch eine ganze Reihe weiterer Codes, deren Codewörter natürlich ggf. auch eine größere Länge als 4 haben können. Ein Beispiel dafür ist ein *zwei aus fünf-Code,* bei dem jedes Codewort zwei Einsen und drei Nullen enthält; die zehn Dezimalziffern lassen sich damit codieren, denn es gibt gerade

$$5!/(2!3!) = 10$$

mögliche Codewörter.

Beispiel für einen *zwei aus fünf-Code*:

Dezimalziffer	Codewort
0	11000
1	00011
2	00101
3	00110
4	01001
5	01010
6	01100
7	10001
8	10010
9	10100

Dieser Code gestattet – in geringem Maße – eine Fehlererkennung; er ist doch – wie natürlich auch die anderen Codes – redundant.

Eine kleine Tabelle von solchen dezimal-binären Codes findet man bei *Steinbuch* (1962). Obwohl es sich bei solchen Codes um Blockcodes handelt, bei denen also sämtliche Codewörter Elemente einer Teilmenge des Vektorraums B^n (n ist die Länge der Codewörter) sind, sind diese Codes im allgemeinen keine Linearcodes.

Wie in den vorstehenden Kapiteln schon mehrfach erwähnt, gibt es noch sehr viel mehr Codes, als hier genannt werden können. Die meisten Originalarbeiten auf dem Gebiet der Codierungstheorie befassen sich mit speziellen Codes und ihren Eigenschaften; das wesentliche Ordnungsprinzip in dieser Stoffülle ist die Einteilung in statistische und algebraische Codes und die Einteilung der Linearcodes wiederum in nichtzyklische und zyklische Codes. Der Prozeß einer solchen ‚Gesamteinordnung' und Übersicht ist zweifellos noch lange nicht abgeschlossen.

Eine spezielle Art von Codes soll aber – da ihre Definition gerade im Zusammenhang mit der Automaten- und eigentlichen Informationstheorie von besonderem Interesse ist – im nächsten Abschnitt doch noch knapp gestreift werden.

5.3. Rekurrente Codes

Ein Code war definiert als Abbildung

$$f: A^* \longrightarrow B^* \quad \text{mit} \quad f(xy) = f(x)\,f(y) \;\; \forall\, x, y \in A^*,$$

d.h. mit der Eigenschaft der Multiplikativität und damit genügte allein die Vorschrift

$$f: A \longrightarrow B$$

zur vollständigen Beschreibung des Codes. (Die Restriktion von f auf A soll dabei mit dem gleichen Symbol bezeichnet werden.) Sei F nun das Modell eines Codiergerätes, in dem f dargestellt wird — das Codiergerät ist dem Übertragungskanal vorgeschaltet —, dann ist F in diesem Falle ein *Automat ohne Gedächtnis*. Unter einem *rekurrenten Code* versteht man nun einen Code, dessen zugehöriges Codiergerät ein *Automat mit Gedächtnis* ist. Ein rekurrenter Code fällt damit nicht unter die in der Definition 1.2; 1 erklärten Codes.

Ein Code läßt sich durch Angabe des Codierungsverfahrens beschreiben — diese Beschreibungsart ist gerade bei einem rekurrenten Code sehr zweckmäßig. Bei einem rekurrenten Code treten die zu übertragenden ‚Nachrichten' als Wörter der Länge k in das Codiergerät ein; den Codierer verlassen dann — bei einem Binärcode — Wörter

$$x_1 x_2 \ldots x_n \quad x_i \in \{0, 1\} \, ,$$

die im Kanal übertragen werden sollen. Die n Koordinaten x_i (i.a. ist $n \geqslant k$) hängen von den k Koordinaten $a_1, \ldots, a_k$ ($a_j \in A$, A: Quellenalphabet) des Codiereingangswortes und im allgemeinen noch von früher eingegebenen Elementen von A^k ab — nämlich dann, wenn der Codierer ein Gedächtnis besitzt. Zu einer automatentheoretischen Beschreibung von rekurrenten Codes ist daher das Konzept eines *Automaten mit Gedächtnis* erforderlich. Bei der technischen Realisierung solcher Codiergeräte bedient man sich im allgemeinen linearer Schaltwerke, die gegebenenfalls Speichervorrichtungen besitzen.

Näheres über rekurrente Codes, die im allgemeinen natürlich keine Linearcodes sind, findet man bei *Berlekamp* (1968) — dort werden diese Codes auch *convolutional codes* genannt — und bei *Peterson* (1967); Beispiele für rekurrente Codes sind die Hagelbarger-Codes, bei denen auch die Korrektur von Mehrfachfehlern möglich ist.

5.4. Schlußbemerkung

Das Ziel des hier behandelten Stoffes war eine Einführung in die Grundlagen und grundlegenden Ideen der Codierungstheorie, eines speziellen konstruktiven Zweiges der Informationstheorie; das Ordnungsprinzip war dabei die Einteilung in die statistische und die algebraische Codierungstheorie. Diese Einteilung entspricht zwar nicht der historischen Entwicklung, ist aber — wie mehrfach begründet — zweckmäßig. — Eine, wenn auch sehr knappe Übersicht über die historische Entwicklung der Codierungstheorie findet der interessierte Leser bei *Bauer/Goos* (1971).

Literatur

Bauer, F. L. / Goos, G.: Informatik I/II. Heidelberger Taschenbücher Bd. 80/91 (1971).

Berlekamp, E. R.: Algebraic Coding Theory. McGraw-Hill Book Company (1968).

Berlekamp, E. R.: A survey of coding theory. Recent Progress Combin., Proc. 3rd Waterloo Conference 1968, 3–11 (1969).

Chintschin, A. J.: Der Begriff der Entropie in der Wahrscheinlichkeitsrechnung. Uspechi Mat. Nauk 8 (1953), Heft 3, 3–20 (russisch, deutsche Übersetzung in: Arbeiten zur Informationstheorie I, Berlin 1957).

Denis-Papin, M. / Cullmann, G.: Übungsaufgaben zur Informationstheorie. Vieweg-Verlag (1971).

Fey, P.: Informationstheorie. Akademie-Verlag (1963).

Gallager, R. G.: Information Theory and Reliable Communication. John Wiley and Sons, Inc. (1968).

Henze, E.: Einführung in die Maßtheorie. BI-Taschenbuch Bd. 505 (1971).

Henze, E. / Homuth, H. H.: Einführung in die Informationstheorie. Vieweg-Verlag (1970).

Hill, L. S.: Cryptography in an Algebraic Alphabet. American Math. Monthly 36, 306–312 (1929).

Hill, L. S.: Concerning Certain Linear Transformation Apparatus of Cryptography. American Math. Monthly 38, 135–154 (1931).

Homuth, H. H.: Einführung in die Automatentheorie, erscheint im Vieweg-Verlag.

Homuth, H. H.: Bemerkungen über automatentheoretische Modelle einfacher Schlüsselverfahren. Angew. Inf. 5, 244–246 (1971).

Hornfeck, B.: Algebra. Verlag de Gruyter (1973)

Huffman, D. A.: A Method for the Construction of Minimum Redundancy Codes. Proc. IRE 40, Nr. 10, 1098–1101 (1952).

Jelinek, F.: Probabilistic Information Theory. McGraw-Hill Book Company (1968).

Kameda, T./Weihrauch, K.: Einführung in die Codierungstheorie I, BI-Taschenbuch (1973).

Klaus, G.: Wörterbuch der Kybernetik I/II. Fischer Handbuch 1073/1074 (1969).

Kowalsky, H. J.: Lineare Algebra. Verlag de Gruyter (1972).

Lee, C. Y.: Some Properties of Nonbinary Error-Correcting Codes. IRE-Transactions on Information Theory 4, 77–82 (1958).

van Lint, J. H.: Coding theory. Springer-Verlag, Lecture Notes Bd. 201 (1971).

Mann, H. B. (Editor): Error-Correcting Codes, Proceedings of a Symposium. John Wiley and Sons (1968).

Maurer, H.: Theoretische Grundlagen der Programmiersprachen. BI-Taschenbuch Bd. 404/404a* (1969).

Müller, P. H. (Herausgeber): Wahrscheinlichkeitsrechnung und mathematische Statistik – Lexikon. Akademie-Verlag (1970).

Peterson, W. W.: Prüfbare und korrigierbare Codes. Oldenbourg-Verlag (1967).

Raisbeck, G.: Informationstheorie. Oldenbourg-Verlag (1970).

Renyi, A.: Wahrscheinlichkeitsrechnung. Deutscher Verlag der Wissenschaften (1966).

Rohrbach, H.: Mathematische und maschinelle Methoden beim Chiffrieren und Dechiffrieren. Aus: Naturforschung und Medizin in Dtld. 1936–46. Deutsche Ausgabe der FIAT Review of German Science, Bd. 3: Angewandte Mathematik, Seiten 233–257. Verlag Chemie (1953).

Schultze, E.: Einführung in die mathematischen Grundlagen der Informationstheorie. Springer-Verlag, Lecture Notes Bd. 9 (1969).

Shannon, C. E.: Communication Theory of Secrecy Systems. Bell System Technical Journal, 656–715 (1949).

Sinkov, A.: Elementary cryptanalysis/A mathematical approach. L. W. Singer Company (1968).

Steinbuch, K. (Herausgeber): Taschenbuch der Nachrichtenverarbeitung. Springer-Verlag (1962).

Thomas, W.: Über mathematische Methoden bei der Decodierung von Linearcodes. Diplomarbeit TU Braunschweig (1971).

van der Waerden, B. L.: Algebra I/II. Springer-Verlag (1966).

Whitesitt, J. E.: Boolesche Algebra und ihre Anwendungen. Vieweg-Verlag (1970).

Wolfowitz, J.: Coding Theorems of Information Theory. Springer-Verlag (1964).

Zemanek, H.: Elementare Informationstheorie. Oldenbourg-Verlag (1959).

Namen- und Sachwortverzeichnis

uni—texte

Studienbücher

K. Brinkmann, Einführung in die elektrische Energiewirtschaft
für Elektrotechniker, Maschinenbauer, Verfahrenstechniker, Wirtschaftsingenieure
und Betriebswirtschaftler (im 2. Studienabschnitt)

G. Frühauf, Praktikum Elektrische Meßtechnik
für Elektrotechniker (3. und 4. Semester)

H. Gräser, Biochemisches Praktikum
für Biologen, Chemiker, Pharmazeuten und Mediziner (im 2. Studienabschnitt)

E. Henze / H. H. Homuth, Einführung in die Informationstheorie
für Mathematiker, Physiker und Elektrotechniker (3. Semester)

E. Henze / H. H. Homuth, Einführung in die Codierungstheorie
für Mathematiker, Informatiker, Naturwissenschaftler und Ingenieure (ab 3. Semester)

R. Jötten / H. Zürneck, Einführung in die Elektrotechnik I, II
für Elektrotechniker, Maschinenbauer und Wirtschaftsingenieure (1. bis 3. Semester)

K. F. Knoche, Technische Thermodynamik
für Studenten des Maschinenbaus und der Elektrotechnik (ab 1. Semester)

G. Kempter, Organisch-chemisches Praktikum
für Chemiker, Biologen und Mediziner (3. Semester)

L. D. Landau / E. M. Lifschitz, Mechanik
für Mathematiker und Physiker (2. und 3. Semester)

W. Leonhard, Wechselströme und Netzwerke
für Elektrotechniker (3. Semester)

W. Leonhard, Einführung in die Regelungstechnik, Lineare Regelvorgänge
für Elektrotechniker, Physiker und Maschinenbauer (5. Semester)

W. Leonhard, Einführung in die Regelungstechnik, Nichtlineare Regelvorgänge
für Elektrotechniker, Physiker und Maschinenbauer (6. Semester)

K. Mathiak / P. Stingl, Gruppentheorie
für Chemiker, Physiko-Chemiker und Mineralogen (ab 5. Semester)

K.-A. Reckling, Mechanik I, II, III
für Studenten der Ingenieurwissenschaften (1. und 2. Semester)

K. Torkar / H. Krischner, Rechenseminar in Physikalischer Chemie
für Chemiker, Verfahrenstechniker und Physiker (ab 3. Semester)

**M. Toussaint / K. Rudolph, Programmierte Aufgaben zur linearen Algebra
und analytischen Geometrie**
für Mathematiker und Physiker (ab 1. Semester)

O. P. Spandl, Die Organisation der wissenschaftlichen Arbeit
für Studenten aller Fachrichtungen (ab 1. Semester)

H. Seiffert, Einführung in das wissenschaftliche Arbeiten
für Studenten aller geisteswissenschaftlichen, wirtschaftswissenschaftlichen,
naturwissenschaftlichen und technischen Fachrichtungen (ab 1. Semester)